全彩版

木 易◎编

青少年科学探索第一读物

前途无量的 纳米技术

QIANTUWULIANG DE NAMIJISHU

探索未知
发现未来

甘肃科学技术出版社

图书在版编目（CIP）数据

前途无量的纳米技术 / 木易编 . —兰州 : 甘肃科
学技术出版社，2013.4
　　（青少年科学探索第一读物）
ISBN 978-7-5424-1761-9

　Ⅰ . ①前… Ⅱ . ①木… Ⅲ . ①纳米技术—青年读物②
纳米技术—少年读物Ⅳ . ① TB303-49

中国版本图书馆 CIP 数据核字 (2013) 第 067321 号

责任编辑　杨丽丽（0931-8773274）
封面设计　晴晨工作室
出版发行　甘肃科学技术出版社（兰州市读者大道 568 号　0931-8773237）
印　　刷　北京中振源印务有限公司
开　　本　700mm×1000mm　1/16
印　　张　10
字　　数　153 千
版　　次　2014 年 10 月第 1 版　2014 年 10 月第 2 次印刷
印　　数　1～3000
书　　号　ISBN 978-7-5424-1761-9
定　　价　29.80 元

前 言

科学技术是人类文明的标志。每个时代都有自己的新科技，从火药的发明，到指南针的传播，从古代火药兵器的出现，到现代武器在战场上的大展神威，科技的发展使得人类社会飞速的向前发展。虽然随着时光流逝，过去的一些新科技已经略显陈旧，甚至在当代人看来，这些新科技已经变得很落伍，但是，它们在那个时代所做出的贡献也是不可磨灭的。

从古至今，人类社会发展和进步，一直都是伴随着科学技术的进步而向前发展的。现代科技的飞速发展，更是为社会生产力发展和人类的文明开辟了更加广阔的空间，科技的进步有力地推动了经济和社会的发展。事实证明，新科技的出现及其产业化发展已经成为当代社会发展的主要动力。阅读一些科普知识，可以拓宽视野、启迪心智、树立志向，对青少年健康成长起到积极向上的引导作用。青少年时期是最具可塑性的时期，让青少年朋友们在这一时期了解一些成长中必备的科学知识和原理是十分必要的，这关乎他们今后的健康成长。

科技无处不在，它渗透在生活中的每个领域，从衣食住行，到军事航天。现代科学技术的进步和普及，为人类提供了像广播、电视、电影、录像、网络等传播思想文化的新手段，使精神文明建设有了新的载体。同时，它对于丰富人们的精神生活，更新人们的思想观念，破除迷信等具有重要意义。

现代的新科技作为沟通现实与未来的使者，帮助人们不断拓展发展的空间，让人们走向更具活力的新世界。本丛书旨在：让青少年学生在成长中学科学、懂科学、用科学，激发青少年的求知欲，破解在成长中遇到的种种难题，让青少年尽早接触到一些必需的自然科学知识、经济知识、心理学知识等诸多方面。为他们提供人生导航、科学指点等，让他们在轻松阅读中叩开绚烂人生的大门，对于培养青少年的探索钻研精神必将有很大的帮助。

科技不仅为人类创造了巨大的物质财富，更为人类创造了丰厚的精神财富。科技的发展及其创造力，一定还能为人类文明做出更大的贡献。本书针对人类生活、社会发展、文明传承等各个方面有重要影响的科普知识进行了详细的介绍，读者可以通过本书对它们进行简单了解，并通过这些了解，进一步体会到人类不竭而伟大的智慧，并能让自己开启一扇创新和探索的大门，让自己的人生站得更高、走得更远。

本书融技术性、知识性和趣味性于一体，在对科学知识详细介绍的同时，我们还加入了有关它们的发展历程，希望通过对这些趣味知识的了解可以激发读者的学习兴趣和探索精神，从而也能让读者在全面、系统、及时、准确地了解世界的现状及未来发展的同时，让读者爱上科学。

为了使读者能有一个更直观、清晰的阅读体验，本书精选了大量的精美图片作为文字的补充，让读者能够得到一个愉快的阅读体验。本丛书是为广大科学爱好者精心打造的一份厚礼，也是为青少年提供的一套精美的新时代科普拓展读物，是青少年不可多得的一座科普知识馆！

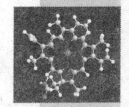

目录

目录

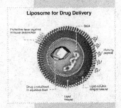

CONTENTS

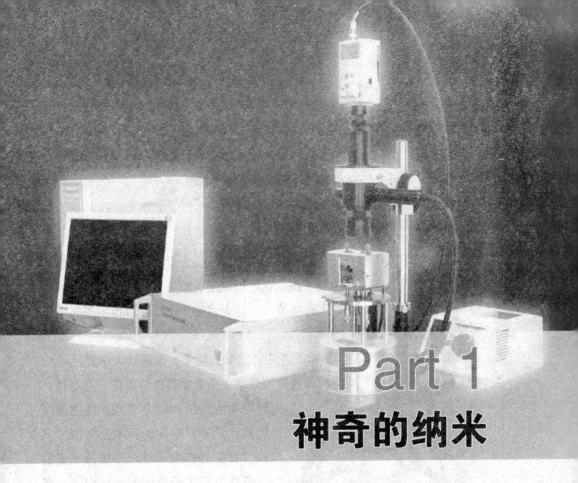

Part 1
神奇的纳米

纳米（符号为nm）是长度单位，原称毫微米，就是10^{-9}米（10亿分之一米），即10^{-6}毫米（100万分之一毫米）。如同厘米、分米和米一样，是长度的度量单位。相当于4倍原子大小，比单个细菌的长度还要小。

人类科技领域的革命

纳米技术如今成了科学研究领域的热门，成为世界许多国家的科学家竞相研究的领域。神奇的纳米技术真可以说是引发了人类科技领域的一场革命，那么，是什么点燃了这场革命的导火索呢？这里还不得不提到明星分子——巴基球（图1）。

瑞典皇家科学院把 1996 年诺贝尔化学奖授予美国赖斯大学教授罗伯特·柯尔和理查德·斯莫利以及英国萨塞克斯大学教授哈罗德·克罗托，

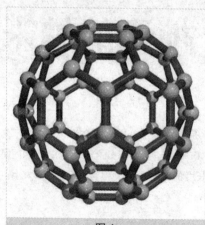

图1

以表彰他们在 1985 年发现的碳的球状结构。皇家科学院的新闻公报说，三位学者在 1985 年一次太空碳分子实验中偶然发现了碳元素的新结构——富勒式结构，由 60 个以上的碳原子组成空心笼状，其中由 60 个碳原子组成的分子，即碳 60 分子，形状酷似足球，人们给它取了一个名字叫巴基球。巴基球的直径只有 0.7 纳米，算得上是真正的纳米颗粒。

科学家们多年梦寐以求，希望制造一种有洞的分子来容纳或者传递不同的原子、离子，巴基球正好圆了这一梦想。目前，科学家们正尝试打开"球门"，把原子、离子掺杂其中，使之成为能制取若干新型物质的分子容器。三位诺贝尔奖获得者的这一发现开创了化学研究的新领域，对宇宙化学、超导材料、材料化学、材料物理，甚至医学的研究有重大意义。目前新发表的化学论文中很大一部分都涉及这一课题。

但纳米技术的真正倡导者是一位并不很出名的工程师埃里克·德雷克斯勒。德雷克斯勒在20世纪70年代中期还是麻省理工学院的一名大学生，他在科技图书馆里读到遗传工程的内容时产生了灵感。那时的生物学家们还在研究如何控制构成DNA链的分子（图2）。德雷克斯勒想，为什么不能用原子建造无机机器呢？直到后来他才知道，费曼几乎在20年前就已经提出了类似的问题。这种想法让德雷克斯勒着迷，他想：为什么不建造有自行复制能力的机器呢？一台机器会变

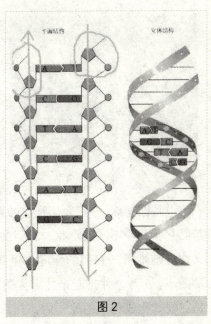

平面结构　　　　立体结构

图2

成两台，两台变成四台，然后再变成八台……这样无穷地变下去，给那些能把简单的原料加工成特定制品的机器加上这个功能，会给饥饿的人生产无穷数量的食物，或者为无家可归的人建造无数的房屋，它们还可以在人的血管里游弋并修复细胞，从而防止疾病和衰老。人类有朝一日可以消遣放松一下，而纳米机器人则可以像科幻小说作家描写的那样，承担世界上所有的工作。然而，当时多数主流科学家对此的反应是：一派胡言！但巴基球的诞生使研究人员开始着手做这件事。

　　詹姆斯·金泽夫斯基是IBM公司设在瑞士的苏黎世研究实验室的物理学家。他和同事一起摆弄的一台隧道扫描显微镜有极其纤细的探头，能像盲人阅读盲文那样透过物质表面记录原子的存在。他们不但用35个氙原子拼出了INM三个英文字母，而且他和他的几个同事还想用一台隧道扫描显微镜（STM）和一些巴基球制作一个能计算的机器。1996年11月他们推出了世界上第一台分子算盘。该算盘很简单，只是10个巴基球沿铜质表面上的一条细微的沟排成一列。为了计算，金泽夫斯基用隧道扫描显微镜的探头把巴基球拖来拖去，细沟实际上是铜表面自然出现的微小台阶，它们使金泽夫斯基可以在室温下演算。

图3

理论上，金泽夫斯基的算盘储存信息的容量是常规电子计算机存储器的10亿倍。尽管在应用上它还很烦琐，但它表明了科学家在处理十分微小的物体方面已经非常熟练。这个工作可能是迈向制造出分子般大小的机器的第一步，移动单个分子或原子的技术是开发下一代电子元件的关键。

说到巴基球，一定要谈到它的兄弟巴基管（图3）。巴基管是碳分子材料，与巴基球有着不同的形状、相似的性质，其大小处于纳米级水平上，所以又称为纳米管。它们的强度比钢高100倍，但重量只有钢的1/6。它们非常微小，5万个并排起来才有人的一根头发丝那么粗。巴基球和纳米管都是在碳气化成单个的原子后，在真空或惰性气体中凝聚而自然形成的，这些碳原子凝聚结合时会组合成各种几何图形。巴基球是五边形和六边形的混合组合，不同的混合产生不同的形状。然而，典型的纳米管完全是由六边形组成的，每一圈由十个六边形组成，当然也有其他的结构。巴基球和巴基管具有多种性质（图4），科研人员一直在研究它们在激光、超导领域以及医药领域的应用前景，并已取得了不少成果。

法国和美国科学家发现，利用单层碳片做成的单层纳米碳管具有规则的结构和可预见的活动规律，这种极其细微的管子可用于许多领域，包括从未来的电子装置到超强材料。

人类发现一种新物质，就要研究

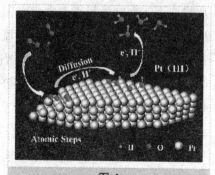

图4

它的性质和功能，人们发现巴基球具有很多意想不到的神奇性质。

先是日本冈崎国立共同研究机构分子科学研究所于1993年合成了含有碳60分子的新超导体。这种新超导体由钠、氮的化合物和碳60组成。据合成这种新超导体的冈崎国立共同研究机构主任井口洋夫等人介绍，他们先将氮化钠和碳 60 粉末按一定比例混合，然后将其置于真空中，再在 370℃的温度下烧结约 20 分钟，便合成了新的超导体。为了防止这种混合物在大气中会与水蒸气发生反应，所以将其置于真空中。井口洋夫说，含碳 60 的新超导体在零下 258℃的环境下表现出很好的超导性能。

美国纽约州立大学布法罗分校，一个由华裔科学家组成的研究小组发现，巴基球在掺入碘杂质后，可在绝对温度 60 开，即零下 213℃时产生超导现象。在该校物理系教授高亦涵、博士后研究助理宋立维以及机械航空工程系教授钟端玲、研究生符立德的这一发现之前，超导巴基球的临界温度约为零下 243℃。掺入氯化碘的巴基球还具有对于未来实际应用十分有利的空气稳定性。研究小组称，新发现的超导巴基球在置于空气中 40 天之后，依然可以探测到超导特性，而这是以前发现的超导巴基球并不具备的性质。

法国和俄罗斯科学家利用巴基球研制成一种新的材料，其硬度至少和金刚石相当，并能在金刚石表面刮擦起痕。据英国《新科学家》杂志报道，法国巴黎全国科学研究中心的物理化学家亨里·斯兹瓦赫同莫斯科高压物理学研究所的科学家，在高压条件下使由 60 个碳原子构成的碳球晶体化而制成了这种超强聚合物材料（图 5）。斯兹瓦赫说，他们原来是打算利用碳 60 制造金刚石，没想到结果获得的是另一种更坚硬的物质。他们利用的是俄方高压物理研究所的机器，机器的中心是两个锥形金刚石，他们把碳 60 材料置于其中一个金刚石的表面上，

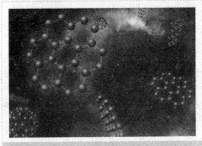

图 5

然后施以大约 20 个千兆帕斯卡的高压（大约相当于 20000 个大气压）。在这同时，旋转这两个锥形金刚石，以产生一种压力。法国科学家介绍说，当碳球材料在 12 个千兆帕斯卡压力作用下时就开始向新材料转变，但是在施加更大的压力之后这个转变过程才全部完成。

人们还对巴基球在药物方面的应用进行了研究。日本京都大学、东京大学等相继发现球形碳原子"碳 60"能抑制癌细胞增殖、促进细胞分化，

前途无量的纳米技术

有望成为治疗癌症的新药。京都大学生物医疗工程研究中心发现，将球形碳原子注入白鼠的癌细胞后（图6），在光的照射下就能产生破坏癌细胞的活性酶，可有效地抑制癌细胞的增殖。东京大学和日本厚生省国立卫生研究所也分别在试管实验中发现，球形碳原子的化合物同其他抗癌药物同时使用，能够提高医疗效果、促进细胞分化。

美国科学家则发现，碳60具有保护脑细胞的作用，可望用它制造治疗中风等疾病的药物。美国华盛顿大学医学院的一个科研小组把它进行了

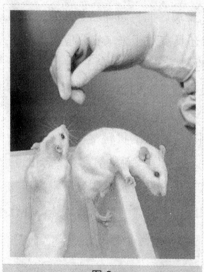

图6

改造，使其能溶于水，再将它的水溶液注入老鼠体内，结果发现该水溶液能吸收可引起机体功能退化的自由基，并能够防止脑细胞因缺少氧和葡萄糖而解体。研究人员解释说，碳60是一种中空的大型无机分子，因而能吸引机体内的一些有害分子。

除了对巴基球本身进行研究之外，人们还对许多其他类似巴基球的分子进行了研究。日本国立材料和化学研究所同日产公司合作，通过计算机模拟，得出了有可能用60个氮原子合成类似巴基球结构的氮60分子的结论。计算机模拟的结果显示，氮60分子与碳60分子会有相似的结构，但稳定性较差。具体合成过程中，或许需要对氮气进行冷冻或加压，然后运用高强度激光照射，由此产生的分子团可能会具有强烈的挥发性，在受热情况下瞬间恢复气体状态，并释放出大量的能量。参与研究的科学家设想，利用这些性质，氮60分子可能会成为具有商业化应用潜力的炸药或火箭燃料。计算机模拟也表明，氮60分子如果用做火箭燃料，产生的动力会比目前火箭中使用的液态燃料高出10%。

巴基球研究可能为解开宇宙形成之谜提供答案。美国科学家在陨石中发现了巴基球。这一成果证实，最早在实验室中发现并合成的球状结构碳分子在自然界中同样存在，它是继金刚石和石墨后人们发现的碳的第三种

同素异形体。这块名为"阿连德"的
陨石 1969 年落于墨西哥境内（图 7）。
美国夏威夷大学和美国宇航局的科学
家在研究中首先用酸对陨石碎片样品
进行了脱硫处理，然后将这些残渣放
入有机溶剂，最终分离出球状碳元素，
他们在英国《自然》杂志上详细介绍
了有关的研究过程。科学家早先在陨
石坑周围的沉积物中就曾发现过球状

图 7

碳，但科学家们在"阿连德"陨石中发现的球状碳不仅包含大量碳 60 和
碳 70，而且还有从碳 100 到碳 400 等一系列原子数更高的碳分子结构。据
悉，在自然界中发现原子数如此之高的球状碳分子尚属首次。科学家们指
出，"阿连德"陨石中存在球状碳，这对研究该陨石的形成时期，太阳系
中原始星云和尘埃物质的状况将有所帮助。另外，新发现也意味着在研究

地球早期形成历史时，可能应考虑该种
特殊结构碳分子所起的作用。因为空心
笼状的这些碳分子具有较强的吸附气体
能力，携带球状碳的陨石落到地球后，
不仅可为地球带来碳元素，而且也有可
能对地球大气构成产生相当大的影响。

图 8

　　科学家还用巴基球搞起了艺术品。
在 1998 年世界杯足球赛期间，德国化
学家突发奇想，在分子水平上制造了
一座"大力神"金杯复制品（图 8）。
这一微型金杯最终被慷慨地赠与冠军
得主法国队。微型"大力神"杯由单
分子制成，高仅为 3 纳米，还不到高
36 厘米的真正"大力神"杯的亿分之一。
作为国际足球界最高荣誉的象征，"大

力神"金杯图案是由两个大力神背对背高举双臂,背托一个地球而构成的。德国埃朗根—纽伦堡大学化学家赫希及其学生在研究中发现,一些具有特殊形状的分子,可成为在微观尺度上制造"大力神"杯复制品的理想材料。赫希等利用被称为"巴基球"的碳60分子来模拟"大力神"杯中的地球图案,"巴基球"分子结构呈空心笼状,酷似微型足球。而微型"大力神"金杯底座则由一种杯状分子制成。赫希认为,这一特殊的结构很可能在科学上也能找到用途。他介绍说,光照射至"巴基球"分子后,会产生单电子而进入制造底座的杯状分子。如果能俘获这一单电子并将其引入电通路,那么分子"大力神"杯有可能用来制造新型太阳能电池。

巴基球如此神奇,可是要想制造它们就不那么容易了。迄今为止,这种神奇的小球的价格还是远远超过了黄金。这就为科学家们提出了新的挑战,促使他们寻找新的制造方法。尽管还不知道新方法将是一个什么样的过程,但是科学家们相信一定会找到这种新方法的。如果真能在工厂里大量生产,那将是令人震惊的,如果你考虑到它的无数用途,其中包括用做其他分子之间的"分子导线"(图9)(用来制造新一代小型化学传感器)、

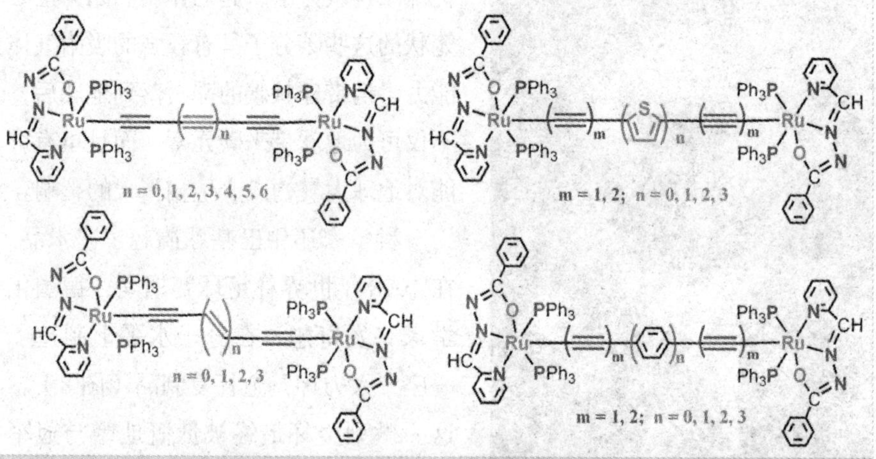

图 9

用做能"感觉"物体表面单个原子结构的纳米探头的顶端(用来测试超纯硅芯片的质量)以及用做理想的结晶基。

在对巴基球热火朝天的研究中,中国科学家也不甘落后。他们采用计

算的方法对巴基球的分子结构进行了精确的计算，得到的数据对实验非常有价值。

近年来，中国科学家在碳 60 的制备与分离技术方面也取得了重大进展。中国科技大学设计建成的合肥国家同步辐射实验室的光谱实验站在碳 60 真空紫外吸收光谱的研究中取得了令人鼓舞的成果。对碳 60 的研究是国际上继"超导热"之后的又一热门课题，这个实验站获得的阶段性成果在国内外均是首创性的。复旦大学、上海原子核研究所等单位组成的碳 60 课题攻关组，自行设计并建立的这套碳 60 制备装置，其含量稳定在 15% 左右，最高可达 18%，日生产能力为 30 至 35 克。他们对分离方法做了重大改进，用新工艺可分离得到纯度 99.5% 以上的碳 60。

巴基球奇妙的结构和神奇的性质激发了科学家们的灵感，使他们不断地感知到微观世界的奥妙，种种奇思妙想也同时应运而生，神奇的纳米世界的大门终究会被我们人类一点一点地打开。

什么是纳米

在某一期"幸运 52"中，活泼幽默、妙语连珠的主持人李咏硬是把"纳米"和"大米"连在了一起。从现场观众那前仰后合的大笑中，我知道大家都明白了，最普通的、人人都需要的"大米"和最先进的、科学家竞相研究的"纳米"有着本质的不同，把两者放在一起，使人体会到什么是强烈对比。据说还有种田的农民打听纳米的种子在哪里可以买到，他们准备种一种试试。

可是纳米究竟是个什么东西呢？其实"纳米"这个词是由英文 nanometer 翻译而来的。纳米和我们日常生活中用的米、厘米一样都是长度单位，只不过这个长度单位要比米小得多，1 纳米只有 1 米的十亿分之一，就是说，把1米平均分成十亿份，每份就是1纳米。我们经常用"细如发丝"来形容纤细的东西。其实人的头发的直径一般为20到50微米，而纳米只有1微米的千分之一！如果我们做成一个只有1纳米的小球，把这个小球放在一个乒乓球上面的话，从比例上讲，就好比把一个乒乓球放到地球上面去，你能想像出1纳米的长度吗？

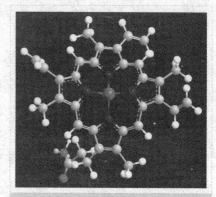

图10

大家知道原子是非常非常小的，实际上一个纳米里面能排三五个原子。大家熟悉的血红蛋白分子有67纳米（图10），而一些病毒的大小也只有几十纳米。研究纳米尺度的物质就要经常和一些肉眼看不到的微小物质打交道。

下面是长度的换算关系，从中我们可以更好地了解纳米有多大。

1米 =1000毫米

1毫米 =1000微米

1微米 =1000纳米

通常我们把平常接触到的世界叫做宏观世界，而把肉眼看不见的原子和分子等微小粒子组成的世界叫做微观世界（图11）。

1990年，世界上写得最小的字母在实验室诞生了，这三个字母就是"IBM"，这三个英文字母总共用了35个原子。从事后拍摄的照片中，我们可以清楚地看到当时人类所创造的最"微乎其微"的伟大奇迹。"IBM"这个当时计算机行业的巨型企业的名字，被一丝不苟地刻画到不超过一个病毒的面积内。这在当时看来近乎游戏的领域，如今已经成为科学家们关注的热点。

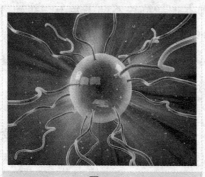

图11

看来纳米并不是什么"米"，而

是一个度量微小世界的长度单位。但是，是否有一天，"纳米"会像大米一样普通、大米一样普及、大米一样必需呢？

生活中的纳米应用

如今，纳米洗衣机、纳米冰箱已经出现在广告词中，看来纳米真的离我们的生活不远了。事实也正是如此，纳米科技正在走进我们的生活，同时正在改变我们的生活（图12）。

美国科学家尼尔·莱思说："纳米技术是最可能在未来取得突破的科学和工程领域"。这项技术并不只是向小型化迈进了一步，而是迈入了一个崭新的微观世界，在这个世界中，物质的运动受量子原理的主宰。

传统的解释材料性质的理论，只适用于大于临界长度100纳米的物质。如果一个结构的某个维度小于临界长度，那么物质的性质就常常无法用传统理论解释。在20世纪末，世界各国的科学家正试图在中等级别领域，即单个分子或原子级别到数十万个分子级别之内，发现新奇的现象。这一基础理论的研究，促进了我们今天对纳米科学研究的进程。

我们知道，构成物质的基本单元是原子，因此，当今的纳米科学与技术的研究实际上就是人们在原子层次上认识世界。

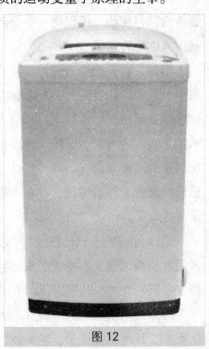

图12

前途无量的纳米技术

　　早在 1993 年，中国科学院北京真空物理实验室的科研人员，在显微镜下将一个个原子像下棋那样自如地摆放，写出了"中国"二字（图13）。这仅仅是一次实验，但人类可以从中发现和看到纳米世界存在的奇迹；人类将在新的纳米技术领域获得更多、更大的好处。

　　纳米材料和纳米结构科学家对纳米级产品应用的前景进行了描述，预计在不久的将来会出现特种新奇的新材料。这些材料将具有多种功能，能够感知环境变化以及做出相应的反应。纳米技术的专家们预计还会出现强度是钢铁 10 倍的材料，而其重量只有纸张的 1/10，并具有超导电性，而且透明，熔点更高。

图 13

　　细微之处显神奇的纳米技术将怎样改变我们的生活呢？事例有很多，例如，碳纳米管，其尺寸不到人的头发直径的万分之一，它可用做极细的导线或用于超小型电子器件，将纳米技术用于存储器，可以大大提高电子器件的储存功能，可以将一个有几百万册书的图书馆的信息放入一个只有糖块大小的装置中。

　　再如，有人把纳米称为"工业味精"，因为把它"撒"入许多传统材料中，老产品就会换上令人叫绝的新面貌。砧板、抹布、瓷砖、地铁磁卡，这些挺爱干净的小东西上一旦加入纳米微粒，就可以除味杀菌。用"拌"入纳米微粒的水泥、混凝土建成楼房，可以吸收降解空气中的有害物质，钢筋水泥也能和森林一样"深呼吸"。现有的硅质芯片将被体积缩小数百倍的纳米管元件所替代，现在占据几个房间的巨型计算机可以小到可以随手放进口袋。

　　最诱人的莫过于未来的"纳米机器人"（图14），它可以进入人体并摧毁各个癌细胞又不损害健康细胞；可以在人体内来回送药，清扫动脉，修复心脏、大脑和其他器官而不用外科手术。

　　1999 年，美国政府在纳米科技的报告中呼吁加快纳米科学和工程的基础研究。美国总统认为，纳米技术对保持美国科学技术和经济的领先地位

图14

非常重要，并建议把联邦纳米技术研究预算增加一倍，即2001年达到4.95亿美元。美国国家纳米技术计划的研究工作将由一个委员会协调，该委员会的成员是来自政府各个研究和开发项目的高级代表。国防部、能源部、商务部、航天局、全国科学基金会和国家卫生研究所将在国家科学和技术委员会的指导下发挥重要作用。美国国家纳米技术计划初期研究的重点，是在分子层次上具有新奇特性、物理和化学性能有显著提高的材料。

各国纳米技术研究人员感兴趣的一些纳米技术尖端领域，归纳起来有以下5个方面：

——在纳米层次上，电子和原子的交互作用会受到变化因素的影响。这样，有可能使科学家在不改变材料化学成分的前提下，控制物质的基本特性，比如磁性、蓄电能力和催化能力等。

——在纳米层次上，生物系统具有一成套系统的组织，这使科学家能够把人造组件和装配系统放入细胞中，有可能使人类模拟自然创造出分子机器（图15）。

图15

——纳米组件具有很大的表面积，这能够使它们成为理想的催化剂和吸收剂等，并且在释放电能和向人体细胞施药等方面派上用场。

——利用纳米技术制造的材料与一般材料相比，在成分不变的情况下体积会大大缩小，而且强度和韧性得到提高。由于纳米颗粒非常小，因此不会产生表面缺陷，另外，由于纳米颗粒具有很高的表面能量，所以强度会提高。这对制造强度大的复合材料将非常有用。

——与宏观结构相比，纳米结构在各个维度上的数量级都较小，所以互动作用将更快地发生，这将给人们带来能效更高、性能更好的系统。

纳米时代在各国纳米专家的努力下，正在向我们走来。有科学家预计，这场纳米技术的革命，可以与用微电子设备取代晶体管而引发的那场革命相提并论。未来出现的微型纳米晶体管和纳米存储器芯片，将使计算机的速度和效率提高数百万倍，使磁盘存储的容量达到今天的成百上千倍，并且使能耗降低到现在的几十万分之一。通信带宽会增大几百倍，可以折叠的显示器将比目前的显示器明亮 10 倍。另外，一个纳米层次上有可能办到的事，是生物的和非生物的部件将结合成交互作用的传感器和处理器，服务于人类。

科学家对将来的预见能够达到多远？美国半导体工业协会制订了一个处理器、传感器、存储器和传输设备的开发路线图，但是这个路线图只延伸到 2010 年，并且只达到大小为 100 纳米的结构，这比全部是纳米结构的装置要大。这个协会说，科学发现变成商业上可行的技术需要时间，预计纳米技术要到 2010 ~ 2015 年才能成熟。

由此可见，纳米级产品将在不久后大量出现已是不容置疑的事实。随着对纳米技术和产品研究的深入，十几年后纳米技术专利将商业化，看来纳米真的要成为我们日常生活的一员了，我们渴望着那一天早日到来。

量子力学与纳米

曾经有一位一流的科学家在 1893 年宣告，他相信做出伟大发现的时代已经过去，因为几乎一切都已被发现了，将来的科学家除了更加精确地重复 19 世纪做过的实验，使原子量在小数位上有所添加以外，不可能有更多的作为。

事实证明这位科学家错了。因为，即使拥有 19 世纪所取得的全部知识，也无法说明 X 射线（图 16）和铀的放射性这两种现象（图 17）。这是新生事物，好像完全不合乎自然规律，背离了人类对于原子的认识。X 射线和铀的放射性像两个雪球，一旦滚动起来，必将如同雪崩一样引出一系列科学发现。

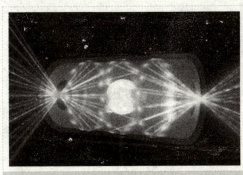
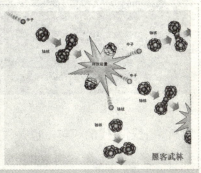

图 16　　　　　　　　　　　　　　　　图 17

古人对物质元素的认识，是人类探究微观世界的开始。远古时代的人类在长期的生活实践中，发明了制陶，掌握了炼铜、炼铁等技艺，他们看到了物质可以重新组合并发生质的变化，于是就开始思考有关物质的构成与变化的原因。人们看见，冬天水结成冰，夏天冰又化成水，而且在地热泉中，水又蒸发为气体。人们还看见万物在大地上生长，又消失在大地之中，对于天地万物和人类的本源，人们一直怀有强烈的好奇心，试图从本质上理解和认识事物本身。最原始的元素学说就这样萌生了，开始了人类最初的对微观世界的认识。

经过人类不断的探索，今天我们知道物质世界是由一些很小的粒子——原子组成的，各种原子按照本身的规律相互连接，形成了分子，各种各样的分子聚集在一起就是我们丰富多彩的世界。可是，原子是怎样相互连接的呢？这就不能不说到原子内部的结构。原于是由一个位于中心的原子核和核外的电子组成的，原子核带正电，而电子带的是负电，这样整个原子对外就不显电性。电子在原子中并不是静止的，而是绕着原子核做高速的运动，电子的高速运动在原子的周围形成像云一样的外衣，也叫电子云（图 18）。不同的原子内电子的数目不同，电子运动的模式也不同。就像一个班的同学，大家都穿上形状各异的外壳，由于外壳的形状不同，使得有些人靠在一起会比较舒服，而有些人很难靠到一起。当然实际情况还要复杂得多，上面只是一个简单化的比喻。我们要是真想理解原子等一些基本粒子的行为，就必须引入量子力学。

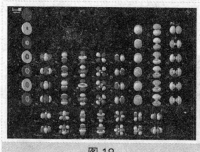

图 18

1900 年，德国物理学家普朗克发表了一篇论文，标志了量子理论的出现。普朗克提出"量子论"，吹响了 20 世纪物理学革命的进军号。在同一年，孟德尔遗传学说被确认，成为生物科学上划时代的一年。也是在这一年，德兰斯特纳发现了血型，拯救了许许多多人的生命。到 2000 年，人类在量子论、相对论、基因论、信息论等方面都取得了以前难以想像的飞跃发展。人类一直在研究我们生活的地球和宇宙。现在，人类的观察范围不仅已达 150 多亿光年之遥，而且可以深入到原子核中去观察"夸克"等基本粒子的特征。

量子力学是 20 世纪人类在物理学领域的最重要的发明之一。量子力学和狭义相对论被认为是近代物理学的两大基础理论。量子力学主要研究微观粒子运动规律。20 世纪初，大量实验事实和量子论的发展，表明微观粒子不仅具有粒子性，同时还具有波动性，它们的运动不能用通常的宏观物体的运动规律来描述。量子力学的建立大大促进了原子物理学、固体物理学和原子核物理学等学科的发展，并标志着人们对客观规律的认识从宏观世界深入到了微观世界。

量子力学的奠基人玻尔曾经说过："谁如果在量子面前不感到震惊，他就不懂得现代物理学；同样如果谁不为此理论感到困惑，他也不是一个好的物理学家。"的确，量子力学确实很难理解（图 19），原因之一就是在微观世界里的很多事情，同我们所能看到的宏观世界存在很大的差别，有些可能是我们难以想象的。一个很典型的例子就是隧道效应。在经典力学控制下，狮子不可能越过障碍吃到你，可是在量子力学控制下，狮子却可以直接穿过那个堡垒，好像挖了一

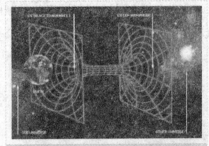

图 19

个隧道跑出来一样，看起来有些像"崂山道士"里面的穿墙术吧！其实，这里只是个比方，现实生活中你无需担心狮子会从笼子里直接钻出来，因为我们的宏观世界是不会发生这样的事情的。可是在微观世界里，电子等微观粒子却经常能够"穿墙而过"。

微小的纳米世界

20 世纪，人类的科学技术发生了翻天覆地的变化，人类对微观世界有了更深认识，随着对微观世界了解的增多，人们认识到实际上微观世界里同样奥妙无穷，别有洞天。

早在 20 世纪 50 年代，美国著名物理学家费曼就提出了要在小处做文

前途无量的纳米技术

章的想法。他说，以前人类都是把能够看得见的东西做成各种形状，得到各种工具，为什么不能从单个分子甚至原子出发而组装制造物品呢？费曼憧憬地说："如果有一天可以按人的意志安排一个个原子，将会产生怎样的奇迹？"今天，随着纳米科技的一步步发展，费曼提出的设想正在逐渐变成现实。

1990年，美国贝尔实验室推出惊世之作——一个跳蚤般大小，但"五脏俱全"的纳米机器人诞生了。

1990年7月，在美国巴尔的摩同时举办了第一届国际纳米科学技术会议和第五届国际扫描隧道显微学术会议，标志着纳米科技的正式诞生，科

图20

学家们正式提出了纳米材料学、纳米生物学、纳米电子学和纳米机械学的概念，并决定出版《纳米技术》、《纳米结构材料》（图20）和《纳米生物学》三种国际性专业期刊。从此，一门崭新的具有潜在应用前景的科学技术——纳米科技得到了全世界科技界的密切关注。

诺贝尔物理学奖获得者、美国哥伦比亚大学的斯托默说："纳米技术给了我们工具来摆弄自然界的极端——原子和分子。万物都由它们而构成……创造新事物的可能性看来是无穷无尽的。"诺贝尔化学奖获得者、美国康奈尔大学的霍夫曼说："纳米技术是一种天才的方法，能够对各种大小、性质错综复杂的结构进行控制。这是未来的方法，精确而且对环境保护十分有利。"一时间，"纳米热"遍及全球，纳米科技成为世界各国竞相投巨资、加紧攻关的一项热门技术。

从纳米科技诞生之日起，纳米科技就不断取得了各种新的研究成果。其显著特点是，基础研究和应用研究的衔接十分紧密，实验室成果的转化速度之快出乎人们的预料。1989年，美国斯坦福大学搬动原子团写下了"斯坦福大学"的英文名字（图21）。1991年，在日本首次发明和制作纳米碳管，它的质量是相同体积的钢的1/6，而强度却是钢的10倍，于是，纳米碳管立

刻成为纳米运用的技术热点。1992 年，日本着手研制能进出入人体血管进行手术的微型机器人，从而引发了一场医学革命。1993 年，中国科学院北京真空物理实验室自如地操纵原子写出"中国"二字，标志着我国开始在国际纳米科技领域占有了一席之地。1994 年，美国着手研制"麻雀"卫星、"蚊子"导弹、"苍蝇"飞机、"蚂蚁"士兵等。1995 年，科学家研究并证实了纳米碳管可以用来制做壁挂电视。1996 年，我国实

图 21

现纳米碳管大面积定向生长。1997 年，法国全国科学研究中心和美国 IBM 公司共同研制成功第一个分子级放大器，其活性部分是一个直径只有 0.7 纳米的碳分子，因而把电子元件缩小 1 万倍，标志着纳米技术开始进入实用阶段。1998 年，被誉为"稻草变黄金"的纳米金刚石粉在我国研制成功（图22）。同年，美国明尼苏达大学和普林斯顿大学成功地制备出量子磁盘。这

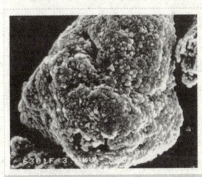

图 22

种磁盘是由磁性纳米棒组成的纳米阵列体系，美国商家已组织有关人员将这项技术迅速转化为产品。

1999 年，韩国制成纳米碳管阴极彩色显示器样管。1999 年 7 月，美国加利福尼亚大学与惠普公司合作研制成功 100 纳米芯片；美国正在研制量子计算机和生物计算机；美国柯达公司成功地研制了一种既具有颜料，又具有染料功能的新型纳米粉体，预计将给彩色印像业带来革命性的变革……

看来在纳米这样如此微小的境地还真是别有洞天、大有可为。科学家们相信，有一天纳米会走入我们的日常生活，为我们创造出各种现在想也不敢想的奇迹。

显微镜与纳米

我们人类被称为万物之灵，能够上天入地，移山填海，能够深入微小世界探秘，这些靠的是什么呢？说起来我们在很多方面不如地球上其他的生物，比如奔跑我们比不上猎豹，力量我们更是没法和大象相比，可是我们人类拥有发达的大脑，我们懂得去制造工具。正是这些工具弥补了我们的不足，使得我们征服自然的能力大大提高。

人类要认识微小的世界，单单凭借我们的肉眼是不行的。我们人类能看到的最小的东西大约为 0.1 毫米，那么我们是如何观察小于 0.1 毫米的东西的呢？

最早用于探究物质结构的仪器是光学显微镜（图 23）。光学显微镜最初是由放大镜演变而来的。放大镜实际上就是凸透镜，人们早就知道把凸透镜靠近物体，就可以通过镜片看到放大的物像，这大概是 14 世纪的事情。

图 23

16 世纪，荷兰人杨森偶然通过两块不同的镜片看物体，发现放大效果好得多，于是就发明了显微镜。

这件事发生在 16 世纪的荷兰不是偶然的，因为当时荷兰的眼镜制造业相当发达，杨森正是一位磨镜片的工人。他的显微镜由透镜组合而成，把两片凸透镜和两片凹透镜各组成一对，凸透镜作为物镜（靠近物体一方的透镜），凹透镜作为目镜（靠近眼睛一方的透镜）。这是一台很大的显微镜，镜筒的直径有五厘米多，长度有四十几厘米。不过这台显微镜的效果并不是很好，影像歪斜不清，也不能聚光以便清楚地观看物体。

早期显微镜镜片所用的玻璃质量不佳（图24），玻璃里含有气泡，玻璃表面也不光滑，用这种显微镜放大的物体看上去有点模糊。如果使用倍数更大的显微镜来进一步放大物体，物体就变得更加模糊，结果什么也看

图24

不清楚。正是因为这个原因，人们往往认为观察微小物体放大镜就够了，显微镜并不比放大镜优越。

英国物理学家胡克在1665年前后，对显微镜产生了兴趣，亲自制作了一台显微镜，他用这台显微镜，发现了软木的软组织（他给软组织取名为"细胞"，其实他看到的并不是真正的细胞，而是软组织的纤维结构），并且清楚地观察到了蜜蜂的小刺、鸟羽的细微构造等微小物体。他的显微镜使用了两片凸透镜，原理和现在的显微镜相同。另外，胡克还想出了在物镜下面另外安装凸透镜，用以聚光照亮被观察物体的方法，为了提高放大倍率，胡克进一步使用了近于球形的凸透镜。他的显微镜能清楚地观察以前看不到的微小的物体，例如跳蚤的头部和脚部，所以当时显微镜有一个外号，叫跳蚤镜。1665年胡克写了一本书，名叫《显微图谱》，里面有他根据大量观察所做的素描，显微镜也因此受到科学界的重视。

把显微镜推上科学舞台的科学家中，还有一位叫列文虎克，他也是荷兰人。他把玻璃棒的端部熔化后拉成线状，然后进一步加热做成球形，再把它磨成透镜。他要求玻璃里面一点也不含气泡，玻璃表面必须磨制得非常光滑均匀。他在1671年磨成的第一块透镜尽管直径只有1/8英寸（约3毫米），但当他通过透镜观察物体时，却发现物体几乎放大了200倍，而

且十分清晰。他把透镜放在支架上，做成了一具放大镜。后来又加上一块透镜，放大的倍数更大了，这就构成了显微镜。显微镜在当时已经不是什么新鲜事物，但别人都是把镜片拼凑在一起当作玩物，而列文虎克却有自己的崇高目的，他想用这台新仪器观察看不见的世界。

列文虎克用他的显微镜观察各种小东西，从牙垢到沟中的污水，都成了他的观察对象。他记下了肌肉（图 25）、皮肤、毛发和牙质的精细结构。

图 25

从 1673 年开始，他用荷兰文给英国皇家学会不断写信，报告他的观察实验记录，有时一封信就像是一本小书，他的第一封信就用了一个很长的题目："列文虎克用自制的显微镜观察皮肤、肉类以及蜜蜂和其他虫类的若干记录"。当时英国皇家学会对这位无名之辈的报告不很重视，直到 1677 年按照列文虎克的说法制成了同样大小的透镜和显微镜，证实了列文虎克的观察结果之后，才引起了人们的注意。

列文虎克的一系列发现，在生物学史上开辟了一个新的研究领域，这个领域就是微生物学。有了光学显微镜，我们就可以观察到肉眼看不见的细胞，也正是光学显微镜的诞生导致了细胞的发现，从而使人们对自然界的认识发生了一个极大的飞跃。

可是人类要想看比细胞还小的结构，使用光学显微镜就不行了。

为了增加显微镜的放大倍数，在相当长的一段时间内，不少人都在玻璃的材料和磨削工艺的改进上动脑筋。但后来发现，当观察的物体小于光波波长的 1/2 时，光线射到它们身上时就会绕过去成不了像。我们知道，光学显微镜是用可见光作为光源的，其波长约为 400 ~ 770 纳米，因此当被观察的物体小于 200 纳米时，光学显微镜就无能为力了，因为它的最大倍数限制在 2000 倍左右。

所以，要观察更小的物体，就得另外找到一种比可见光的波长更短的光线才行。早在 20 世纪 20 年代，法国科学家德布罗义就发现电子束也具有波动性质。所谓电子束，就是许多电子集合在一起，并且以很高的速度

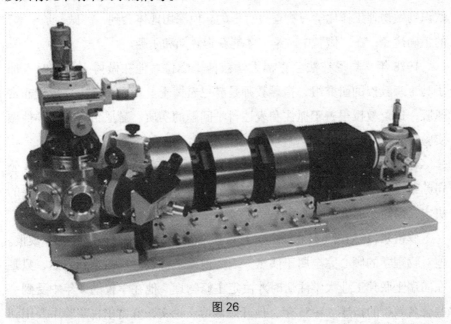

向着一个方向运动。进一步的研究表明，电子束的波长远比可见光的波长短，还不到1纳米。于是，科学家们很自然地想到，如果显微镜用电子束代替可见光做光源，它的分辨能力肯定可以大大提高。

根据这一思路，科学家们终于在1932年研制成功了一种新的显微镜——电子显微镜。在电子显微镜内部，特制一个空心的强力线圈——磁透镜（图26），它相当于光学显微镜中的玻璃透镜，但是，镜筒必须抽成高度真空。同时，由于人眼无法直接看见电子束，因而必须通过荧光屏或照相机的转换。经过不断改进，目前电子显微镜的最高分辨能力已达到0.2～0.3纳米，与原子大小差不多了。放大倍数约为30万～40万倍，一根头发丝可以放大到一座礼堂那么大；如果增加磁透镜个数，放大倍数更可高达80万～100万倍。电子显微镜的发明帮助人类进一步打开了微观世界的大门，人们可以看到更小的东西了，包括细胞内各种组成成分，以及只有几十纳米大小的病毒。

图26

电子显微镜虽然威力巨大，可是它的体积往往也很大，价格也非常昂贵，操作很繁琐。有没有可能制造出更加简单有效的显微镜呢？扫描隧道显微镜的发明解决了这个问题。

前途无量的纳米技术

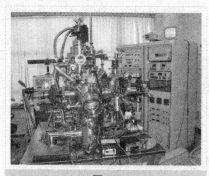

图 27

扫描隧道显微镜是 IBM 瑞士苏黎世研究所的宾尼和罗雷尔于 1982 年发明的（图 27）。

宾尼，1947 年 7 月出生于德国的法兰克福。其时正值第二次世界大战结束不久，他和小伙伴们常常在废墟中做游戏，当时他并不懂得为什么建筑物会变成那个样子。10 岁时，尽管他对物理还不太了解，但已决心要当一名物理学家，等到在学校里真正学到物理时，他大概有点怀疑这一选择了。少年时代的宾尼是一个音乐爱好者，他母亲很早就教他古典音乐，15 岁时开始拉小提琴，而且还参加过学校的管弦乐队。

10 多年后，当宾尼开始做毕业论文时，才真正感受到物理学的魅力，认识到做物理工作比学习物理更有乐趣。他深切地体会到，"做"是"学"的正确途径，在"做"中"学"才能获得真知和乐趣。

1978 年，宾尼在法兰克福大学获博士学位。他在做博士论文时参加了马丁森教授的研究组，指导教师是赫尼希博士。宾尼对马丁森教授非常佩服，这位教授很善于抓住和表述科学问题的实质。赫尼希博士指导他做实验，非常耐心。

在他的妻子瓦格勒的劝说下，宾尼在完成博士论文后，接受了 IBM 公司苏黎世研究实验室的聘任，参加那里的一个物理小组。这是非常重要的决定，因为在那里宾尼遇到了罗雷尔。

罗雷尔，1933 年 6 月 6 日出生于瑞士的布克斯，1949 年全家迁往苏黎世。他对物理学的倾心完全属于偶然，因为他原来喜欢古典语文和自然，只是在向瑞士联邦工业大学注册时才决定主修物理。他在学校的 4 年中受到一些著名教授的指导。1955 年，他开始做博士论文，罗雷尔在实验中要用到非常灵敏的机械传感器，往往要在夜深人静时工作。他不辞辛苦，非常勤奋，4 年的研究生生活使罗雷尔得到了很好的锻炼。

1961 年起，罗雷尔到美国的拉特格斯大学做了两年博士，1963 年他回到瑞士，在 IBM 研究实验室工作。20 世纪 70 年代末，他开始从事反磁体研究，并在研究组组长米勒的鼓励下研究临界现象。此后，他开始与宾尼合作，从 70 年代末起，一直致力于研制扫描隧道显微镜，这种显微镜就是利用量子力学里面的隧道效应制作的。

1981 年，宾尼和罗雷尔等人用铂做了一个电极，用腐蚀得很尖的钨针尖作为另一电极，在两电极间小于 2 纳米的距离以内，改变钨针尖与铂片之间的距离，测量隧道电流随之产生的变化。结果表明，隧道电流和隧道电阻对隧道间隙的变化非常敏感，隧道间隙即使只变化 0.1 纳米，也能引起隧道电流的显著变化。

一个非常光滑的样品平面，从微观来看，是由原子按一定规律排列起来的。如果用一根很尖的探针（如钨针）（图 28），在距离该表面十分之几纳米的高度上平行于表面进行扫描，那么，由于每个原子都有一定大小，在扫描过程中隧道间隙就会随探针位

图 28

置的不同而不同，流过探针的隧道电流也就随之而不同，即使是百分之几纳米的高度变化，也能在隧道电流上反映出来。利用一台与扫描探针同步的记录仪，将隧道电流的变化记录下来，即可得到分辨率为百分之几纳米的扫描隧道显微镜图像。

扫描隧道显微镜的发明解开了物理学中的很多问题，使两位科学家获得了 1986 年的诺贝尔物理学奖（图 29），从扫描隧道显微镜的发明到两位科学家因此获得诺贝尔奖，仅仅用了 4 年的时间，这在诺贝尔奖的历史上是非常罕见的。

扫描隧道显微镜从诞生、发展到现在，还不到 20 年，它正以旺盛的生

图 29

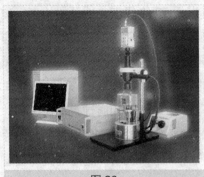

图 30

命力茁壮成长。继扫描隧道显微镜之后，又有一批根据同一工作原理派生出来的、其他类型的显微镜相继问世，如原子力显微镜（用于非导电材料）（图 30）、光子扫描隧道显微镜（用于光子隧道效应），弹道电子发射电子显微镜（能够在纳米尺度上无损探测表面）、摩擦力显微镜（用于纳米尺度上摩擦力的研究）、磁力显微镜（探测样品磁特性的有力工具）、分子力显微镜、扫描离子电导显微镜、扫描热显微镜等等，总数达十几种之多。人们还进而实现了原子的操纵和加工，用电子的撞击使原子按人的意志做有序的移动或移植，1990 年 IBM 公司的研究人员利用扫描隧道显微镜，把铁原子重新排列成了汉字"原子"的字样。这些进展充分显示了扫描隧道显微镜蓬勃发展的势头和巨大的影响力。

从光学显微镜到电子显微镜，又从电子显微镜到扫描隧道显微镜，一步一步走下去，人们正通向微观世界的幽深处；科学的视野越来越宽广，人类驾驭自然的能力也越来越强，人类在微小世界中将会有更多的发现。

纳米的特性

假如给你一块橡皮，你把它切成两半，那么它就会增加露在外面的表面，假如你不断地分割下去，那么这些小橡皮总的表面积就会不断增大，表面积增大，那么露在外面的原子也会增加。如果我们把一块物体切到只有几纳米的大小，那么一克这样的物质所拥有的表面积就有几百平方米，就像一个篮球场那么大。随着粒子的减小，有更多的原子分布到了表面，据估算，当粒子的直径为 10 纳米时，约有 20% 的原子裸露在表面。而平常我们接触到的物体表面，原子所占比例还不到万分之一。当粒子的直径继续减小时，表面原子所占的分数还会继续增大。如此看来，纳米粒子真是敞开了胸怀，不像我们所看到的宏观物体那样，把大部分原子都包裹在内部。

正是由于纳米粒子敞开了胸怀，才使得它具有了各种各样的特殊性质。我们知道原子之间的相互连接靠的是化学键，表面的原子由于没能和足够的原子连接，所以它们很不稳定，具有很高的活性。用高倍率电子显微镜对金的纳米粒子进行观察，发现这些颗粒没有固定的形态，随着时间的变化会自动形成各种形状，它既不同于一般固体，也不同于液体；在电子显微镜的电子束照射下，表面原子仿佛进入了"沸腾"状态，尺寸大于 10 纳

图 31

米后才看不到这种颗粒结构的不稳定性，这时微颗粒具有稳定的结构状态。超微颗粒的表面具有很高的活性，在空气中金属颗粒会迅速氧化和燃烧。如果要防止自燃，可采用表面包覆或者有意识地控制氧化速率，使其缓慢氧化生成一层极薄而致密的氧化层。

概括一下，纳米颗粒（图 31）具有如下一些特殊性质：

光学性质

纳米粒子的粒径（10 ~ 100 纳米）小于光波的波长，因此将与入射光产生复杂的交互作用。纳米材料因其光吸收率大的特点，可应用于红外线感测材料。当黄金被细分到小于光波波长的尺寸时，即失去了原有的富贵光泽而呈黑色。事实上，所有的金属在超微颗粒状态都呈现为黑色。尺寸越小，颜色愈黑，银白色的铂变成铂黑，金属铬变成铬黑。由此可见，金属超微颗粒对光的反射率很低，通常可低于 1%，

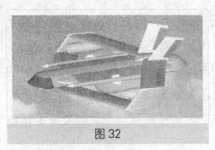

图32

大约几微米的厚度就能完全消光。利用这个特性，可以将纳米粒子制成光热、光电等转换材料，从而高效率地将太阳能转变为热能、电能。此外，又有可能应用于红外敏感元件、红外隐身技术等（图32）。

热学性质

固态物质在其形态为大尺寸时，其熔点往往是固定的，超细微化后，却发现其熔点将显著降低，当颗粒小于10纳米量级时尤为显著。例如，金的常规熔点为1064℃，当颗粒尺寸减小到10纳米时，熔点则降低27℃，2纳米时的熔点仅为327℃左右；银的常规熔点为670℃，而超微银颗粒的熔点则可低于100℃。因此，超细银粉制成的导电浆料可以进行低温烧结，此时元件的基片不必采用耐高温的陶瓷材料，甚至可用塑料。采用超细银粉浆料，可使膜厚均匀，覆盖面积大，既省料又具有高质量。日本川崎制铁公司采用0.1～1微米的铜、镍超微颗粒制成导电浆料可代替钯与银等贵金属。超微颗粒熔点下降的性质对粉末冶金工业具有一定的吸引力。例如，

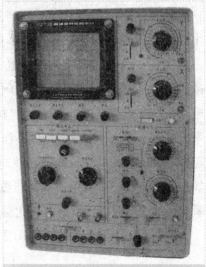

图33

在钨颗粒中附加0.1%～0.5%重量比的超微镍颗粒后，可使烧结温度从3000℃降低到1200℃～1300℃，以致可在较低的温度下烧制成大功率半导体管的基片（图33）。

磁学性质

人们发现鸽子、海豚、蝴蝶、蜜蜂以及生活在水中的趋磁细菌等生物

体中存在超微的磁性颗粒，使这类生物在地磁场导航下能辨别方向，具有回归的本领。磁性超微颗粒实质上是一个生物磁罗盘，生活在水中的趋磁细菌依靠它游向营养丰富的水底。通过电子显微镜的研究表明，在趋磁细菌体内通常含有直径约为 2 纳米的磁性氧化物颗粒。这些纳米磁性颗粒的

图34

磁性要比普通的磁铁强很多。生物学家研究指出，现在只能"横行"的螃蟹（图34），在很多年前也是可以前后运动的。亿万年前螃蟹的祖先就是靠着体内的几颗磁性纳米微粒走南闯北、前进后退、行走自如，后来地球的磁极发生了多次倒转，使螃蟹体内的小磁粒失去了正常的定向作用，使它失去了前后进退的功能，因此，螃蟹就只能横行了。

力学性质

陶瓷材料在通常情况下呈脆性，然而由纳米超微颗粒压制成的纳米陶瓷材料却具有良好的韧性（图35）。因为纳米材料具有大的界面，

图35

界面的原子排列是相当混乱的，原子在外力变形的条件下很容易迁移，因此纳米陶瓷材料能表现出甚佳的韧性与一定的延展性，使陶瓷材料具有新奇的力学性质。美国学者报道，氟化钙纳米材料在室温下可以大幅度弯曲而不断裂。研究表明，人的牙齿之所以具有很高的强度，是因为它是由磷酸钙等纳米材料构成的。至于金属与陶瓷等复合纳米材料，则可在更大的范围内改变材料的力学性质，其应用前景十分广阔。

前途无量的纳米技术

纳米的另一种属性

平常我们接触到的是宏观世界，在宏观世界里，一些量子力学的现象是表现不出来的，或者我们根本察觉不到。然而，进入纳米尺度情况可就不一样了，一系列量子力学的古怪现象纷纷跑出来展示自己。

在现实生活中，我们知道金属能够导电，是导体，可是到了纳米世界，它们却可能变成非导体。而原来的一些绝缘体却变成了导体。宏观世界里的金属绝大多数都有金属光泽，可是变成纳米颗粒，它们就都成了黑色。看来世界真是很奇妙。

我们知道金属能够导电，靠的是物质内部电子的运动，大量电子的定向运动就产生了电流。如果把自由运动的电子囚禁在一个小的纳米颗粒内，或者在一根非常细的短金属线内，线的宽度只有几个纳米，会发生十分奇妙的事情。由于颗粒内的电子运动受到限制，电子运动的能量被量子化了，在金属颗粒的两端加上电压后，电压合适时，金属颗粒导电；而电压不合适时，金属颗粒不导电。这样一来，原本在宏观世界内奉为经典的计算电阻的欧姆定律在纳米世界内也不再成立了。还有一种奇怪的现象，当金属纳米颗粒从外电路得到一个额外的电子时，金属颗粒具有了负电性，它的库仑力足以排斥下一个电子从外电路进入金属颗粒内，切断了电流的连续性。这也使得人们想到是否可以发展出用一个电子来控制的电子器件，即所谓单电子器件。单电子器件的尺寸很小，一旦实现，并把它们集成起来做成计算机芯片，计算机的容量和计算速度不知要提高多少倍。然而，事情可不是像人们所设想的那么简单，起码有两个方面的问题向当前的科学技术提出了挑战。实际上，被囚禁的电子可不那么"老实"，按照量子力学的规律，有时它可以穿过"监狱"的墙壁逃逸出来，一方面新一代单电子器件芯片中似乎不用连线就可以相互关联在一起，另一方面芯片的动作却会不受控制。所以，尽管单电子器件已经在实验室里得以实现，但是真的要用在工业上，还需要一段时间。

被囚禁在小尺寸内的电子的另一种贡献，是会使材料发出强光。利用纳米技术制造的新激光器，发光的强度高，驱动它们发光的电压低，可发

图 36

生蓝光和绿光，用于读写光盘可使光盘的存贮密度提高几倍（图36）。还有甚者，如果用"囚禁"原子的小颗粒量子点来存贮数据，制成量子磁盘，存贮量可提高成千上万倍，会给信息存贮的技术带来一场革命。

新的材料战争

目前，纳米技术广泛应用于光学、医药、半导体、信息通讯。科学家为我们勾勒了一幅若干年后的蓝图：纳米电子学将使量子元件代替微电子器件，巨型计算机能装入我们的口袋里；通过纳米化，易碎的陶瓷可以变成韧性的，成为一种重要的材料，用它做成的装甲车重量轻，并可以抵御射来的炮弹；世界上还将出现1微米以下的机器，甚至机器人；纳米技术还能给药物的传输提供新的方式和途径。

科学家相信纳米技术未来的应用将远远超过计算机技术，并成为未来信息时代的核心。纳米技术异军突起，受到全世界的关注，世界各国家均把纳米科技当做在未来最有可能取得突破的科学和工程领域。下面就让我们看看，世界各国是如何开始进行这场没有硝烟的纳米技术争夺战的（图37）。

图37

1991年，美国正式把纳米技术列入"国家关键技术"和"2005年的战略技术"，并指出：对先进的纳米技术的研究，可能导致纳米机械装置和传感器的产生……纳米技术的发展可能使许多领域产生突破性进展。

1996年，以美国国家科学基金会为首的十几个政府部门联合出资，委托世界技术评估中心对"纳米结构的科学和技术"的研究开发现状和发展趋势进行调研。为此，该中心成立了一个8人小组，自1996～1998年调查研究了3年，除了在美国国内调查之外，该专家组还走访了西欧、日本和我国台湾的42所大学、工业公司和国家实验室。专家们得到了两个重要发现：一是以纳米技术制成的材料，可以得到全新的性能；二是纳米技术涉及的学科范围极广，许多新的发现都是在各学科的交叉点上。该小组的调查结果还发现了两个引起美国重视的问题：一是在纳米技术研究经费方面政府的投入，1997年各国财政投入就接近5亿美元，其中西欧为1.28亿美元，日本为1.2亿美元，美国为1.16亿美元，而其他各国和地区总计才0.7亿美元，即美国在这方面的投资落后于西欧和日本；二是美、日、欧在纳米技术方面的实力竞争中，美国仅在合成、化学制品和生物学方面领先，而在纳米器件、纳米仪器设备、超精密工程（图38）、陶瓷和其他结构材料方面相对滞后，日本在纳米器件和强化纳米结构方面有优势，欧洲在分散物、涂层和新仪器方面较强，同时日本、德国、英国、瑞典、瑞士等正在纳米技术的一些特定领域建立了优

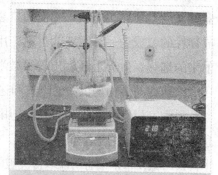

图38

秀的纳米技术中心。

1998年4月，美国总统科技顾问莱恩说："如果我被问及明日最能产生突破的一个科技领域，我将指出这是纳米科学和技术。"

"20世纪70年代重视微米技术的国家如今都成为发达国家，现在重视纳米技术的国家很可能成为下一世纪的先进国家。"

"纳米技术未来的应用将远远超过计算机工业。"

"纳米技术将对人类产生深远的影响，甚至改变人们的传统思维方式和生活方式。"

美国《商业周刊》将纳米技术列为21世纪可能取得重要突破的领域之一。

美国国家纳米技术计划（NNI）的"能源"项目中列出了8项优先研究项目（图39），其中6项是关于纳米材料的。

2000年1月，美国总统克林顿在加州理工学院正式宣布了美国的国家纳米技术计划（NNI），并在2001年财政年度计划中增加科技支出26亿美元，其中近5亿美元用于发展纳米技术。克林顿说："我的预算支持一个比较重要的、新的国家纳米技术计划，

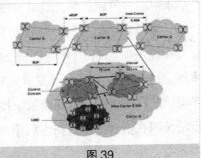

图39

即在原子和分子水平上操纵物质的能力，价值为5亿美元。试设想一下这些纳米材料的浓度是钢的10倍而重量只有其几分之一；国会图书馆内所有信息可以压缩在一块拇指大的硅片上；当癌病变只有几个细胞那样大小时就可以被探测到。我们的某些目标可能需要20年或更长的时间才能达到，但这恰恰是为什么联邦政府要在此起重要作用的原因。"

对于纳米技术的前途和地位问题，美国政府的结论是：众所周知，集成电路的发明创造了"硅时代"（图40，41）和"信息时代"，而纳米技术在总体上对社会的冲击将比集成电路大得多，它不仅应用在电子学方面，还可以用到其他很多方面，比如说有效的产品性能改进和制造业方面的发展，因此，应把纳米技术放在科学技术的最优先地位。据说，克林顿宣布

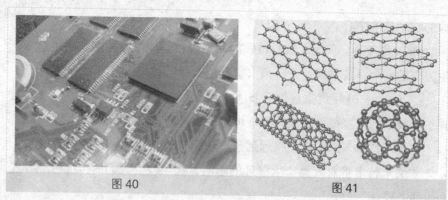

图 40　　　　　　　　　　　　　图 41

的美国国家纳米技术计划中原来还有一个副标题："领导下一次工业革命。"这就是美国真正的动机、目标和野心——试图像微电子那样也在纳米技术这一领域独占老大地位。为此，美国还成立了一个纳米科学技术工程协作小组，该小组由物理学家、化学家、生物学家和工程师组成并准备成立 10个纳米中心，目标是尽快将纳米技术这一可行性变成现实。

日本早在 20 世纪 80 年代初就斥巨资资助纳米技术研究。从 1991 年起又实施一项为期 10 年、耗资 2.25 亿美元的纳米技术研究开发计划。日本制定的关于先进技术开发研究规划中有 12 个项目与纳米技术有关。鉴于美国政府把纳米技术列为国家技术发展战略目标，日本政府不会忘记 20世纪美国在信息高速公路发展中表现出的战略眼光，这一历史教训迫使日本政府把纳米技术作为今后日本科研的新重点，投入研究开发经费约 3.1亿美元，并设立了专门的纳米材料研究中心，力争在这一高新技术领域中不落后于美国。日本决定从 2001 年起，开始实行政府、工厂、学校联合攻关的方法加速开发这一高新技术。在未来 5 年的科技基本计划中，把以纳米技术为代表的新材料技术与生命科学、信息通讯、环境保护并列为 4大重点发展领域。研究重点是纳米级材料的制造技术和功能，通讯用高速度、高密度的电子元件和光存储器等。日本的目的是组建"世界材料中心"，以提高其材料技术的国际竞争力，主要开展无机材料特别是陶瓷材料技术的研究和开发——"因为纳米陶瓷是解决陶瓷脆性的战略途径"。

在欧洲，德国于 1993 年就提出了今后 10 年重点发展的 9 个关键技术领域，其中 4 个领域就涉及纳米技术。最近，德国以汉堡大学和美因茨大学为纳米技术研究中心，政府每年出资 6500 万美元支持微型技术的研究和开发。德国还拟建立或改组 6 个政府与企业联合的研发中心，并启动国家级的纳米技术研究计划。已取得的重大成果有纳米秤（图 42）、原子激光束等。

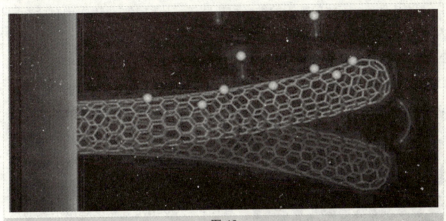

图 42

英国在 20 世纪 90 年代初期就已先后实施了三项有关纳米技术的研究计划，现在有上千家公司、30 多所大学、7 个研究中心积极进行纳米技术的应用开发，主要进行纳米技术在机械、光学、电子学等领域的应用研究。

法国最近决定投资 8 亿法郎建立一个占地 8 公顷、建筑面积为 6 万平方米、拥有 3500 人的微米 / 纳米技术发展中心，配备最先进的仪器和超净室，并成立微米 / 纳米技术之家。

欧盟从 1998 年开始正式执行第 5 个框架计划，材料技术仍然是其中主要的领域之一，总投入约 5.4 亿欧元。提出了用纳米技术改变材料的生产工艺，提高材料和产品的性能，扩大其应用领域。到目前为止，欧洲已有 50 所大学、100 个国家级研究机构在开展纳米技术的研究。过去 10 年，西方发达国家纳米科技领域的投资以年均 25% 的速度增长，总投资达 100 亿美元。

从大西洋到太平洋，从美国到日本再到欧洲，各国都不甘心在纳米技术研究领域落后，纷纷投入巨资进行研究。我国也不能落在别国的后边，科技人员在纳米技术的研究中做出了不少出色的工作。

其实，我国对纳米科技的重要性早就有所认识，想方设法从经费上给予了一定的支持。从各种科研计划到相关的重点、重大项目，政府都给与很大的资金支持，尽管如此，我国通过这些项目对纳米科技领域资助的总经费才约相当于 700 万美元，与发达国家相比，投入经费相差很大。

我国拥有一支比较精干的纳米科研队伍，他们主要集中于中科院和国内一批知名高校。我国的研究力量主要是纳米材料的合成和制备、扫描探针显微学、分子电子学以及极少数纳米技术的应用等方面。特别是在纳米材料方面获得了重要的进展，并引起了国际上的关注。1993 年，中国科

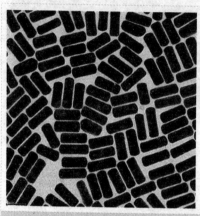

图 43

学院北京真空物理实验室操纵原子成功写出"中国"二字，标志着我国进入国际纳米技术前沿。1998 年。清华大学范守善小组在国际上首次制备出直径 3 ~ 50 纳米、长度达微米级的发蓝光氮化镓半导体的一维纳米棒（图43）。不久，中科院物理所解思深小组合成了当时世界上最长（达 3 纳米）、直径最小（0.5 纳米）的"超级纤维"纳米碳管。1999 年，中科院金属所成会明制备了高质量的半壁纳米碳管，并测定了其储氢容量。2000 年，中科院金属所卢柯在国际上首次发现纳米晶体铜的室温延展超塑性，纳米晶体铜在室温下竟然可拉伸 50 倍而不断裂。1995 年，德国科技部对各国在纳米技术方面的相对领先程度的分析中，认为我国在纳米材料方面与法国同列为第 5 等级，前 4 个等级依次为日本、德国、美国、英国和北欧。

我国科学家已经研制出迄今世界上信息存储密度最高的有机材料，将信息存储点的直径缩小到了 0.6 纳米，从而在超高密度信息存储研究上再创"世界之最"，保持了从 1996 年起就占据的国际领先地位。信息存储、传输和处理将是提高社会整体发展水平最重要的保障条件之一，也是世界各国高技术竞争的焦点之一。目前，各发达国家都已投入大量

人力财力开展超高密度、超快速数据存储技术的研究。但即使是目前国际最高水平，信息存储点的直径也仅有 6 纳米，和我国相比落后了一个数量级。

材料是超高密度信息存储的关键。经过对数十种有机材料的反复筛选和实验，由中国科学院物理研究所高鸿钧研究员领导的研究小组，设计出有特色的电荷转移有机功能分子体系作为信息存储的介质（图 44），利用体系的特性成功实现了超高密度信息存储，显示出在分子尺度上存储时具有稳定性、重复性和可擦除性好的独特优点。研究小组将信息存储点的直径减小到 1 纳米左右，并可对信息点进行反复擦除。

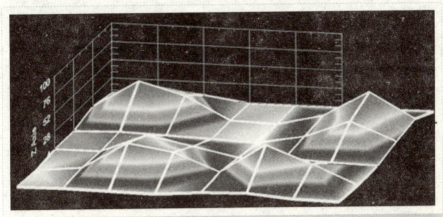

图 44

高鸿钧说："这项技术要做到商品化、产业化还需要 15 年左右的时间。我们仍将继续寻找更为合适的材料，像硅那样对电子技术产生革命性影响。"

但由于科研条件的限制，我国的研究工作只能集中在一些硬件条件要求不太高的领域，属世界首创的、具有独立知识产权的成果还很少。在纳米产业方面，国内外都还处于起步阶段。我国已经建立 10 多条纳米材料生产线（图 45），涉及纳米科技的企业

图 45

达到 102 家。我国在纳米科技领域的总体上与发达国家仍然存在很大差距，尤其是在纳米器件的研制方面，这将对我国未来纳米产业参与世界竞争极为不利。抓住机遇，迎头赶上，才能使我国在国际纳米技术领域的竞争中占有一席之地。

Part 2
纳米材料的制作和应用

　　广义地说，纳米材料是指在三维空间中至少有一维处在纳米尺度范围（0.1~100纳米）或由他们作为基本单元构成的材料。

　　纳米材料主要应用于生物、航天、医疗、机械、化工等等方面。

　　借助于纳米材料的各种特殊性质，科学家们在各个研究领域都取得了突破性的进展，这同时也促使纳米材料的应用越来越广泛。

纳米粉末的制作

纳米材料包括纳米粉末和纳米固体两个层次。纳米固体是用粉末冶金工艺以纳米粉末为原料，经过成形和烧结制成的。纳米粉末的制备一般可分为物理方法（蒸发—冷凝法、机械含重化）和化学方法（化学气相法、化学沉淀法、水热法、溶胶—凝胶法、溶剂蒸发法、电解法、高温蔓延合成法等）。制备的关键是如何控制颗粒大小和获得较窄且均匀的粒度分布（即无团聚或团聚轻），以及如何保证粉末的化学纯度。至于在实际生产中选择哪一种制备方法，就要综合考虑生产条件、对粉末质量的要求、产量及成本等因素。

蒸发—冷凝法

这种方法又称为物理气相沉积法（PVD）（图46），是用真空蒸发、激光、电弧高频感应、电子束照射等方法使原料气化或形成等离子体，然后在介质中骤冷使之凝结。该方法的特点：纯度高、结晶组织好、粒度可控，但技术设备要求高。根据加热源的不同，该方法又分为6种。

真空蒸发—冷凝法其原理是对蒸发物质进行真空加热蒸发，然后在高纯度惰性气氛（Ar、He）中冷凝形成超细微粒。该方法仅适用于制备低熔点、成分单一的物质，是目前制备纳米金属粉末的主要方法。如1984年Gleiter首次用惰性气体冷凝和原位加

图46

压成形，研制成功了 Fe、Pd、Cu 等纳米金属材料。但该方法在合成金属氧化物、氮化物等高熔点物质的纳米粉末时还存在局限性。

高压气体雾化法是利用高压气体雾化器将 –20℃ ~ 40℃的氮气和氩气以超音速射入熔融材料的液流内，熔体被破碎成极细颗粒的射流，然后急剧骤冷而得到超微粒。

激光加热蒸发法是以激光为快速加热源，使气相反应物分子内部很快地吸收和传递能量，在瞬间完成气相反应的成核、长大和终止。但由于激光器的出粉效率低，电能消耗较大，投资大，故该方法难以实现规模化生产。

高频感应加热法是以高频线圈为热源，使坩埚内的物质在低压（1 ~ 10千帕）的 He、N_2 等惰性气体中蒸发，蒸发后的金属原子与惰性气体分手相碰撞冷却凝聚成微粒。但该方法不适于高沸点的金属和难熔化合物，且成本较高。

等离子体法是用等离子体将金属、化合物原料熔融、蒸发和冷凝，从而获得纳米微粒。该方法制得的纳米粉末纯度高、粒度均匀，且适于高熔点金属、金属氧化物、碳化物、氮化物等。但离子枪寿命短（图47）、功率低、热效率低。

电子束照射法利用高能电子束照射母材，表层的金属氧被高能电子"切

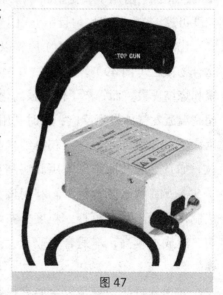

图 47

断"，蒸发的金属原子通过瞬间冷凝、成核、长大，最后形成纳米金属（如Al）粉末。但目前该方法仅限于获得纳米金属粉末。

机械合金（MA）法

该法利用高能球磨方法控制适当的球磨条件以获得纳米级粉末，是典

图 48

型的固相法。该方法工艺简单、制备效率高，能制备出用常规方法难以获得的高熔点金属和合金、金属化合物、金属陶瓷等纳米粉末（图48）。如1988年日本shing等人首次利用机械合金化制备10纳米的Al-Fe合金粉末。但是，该方法在制备过程中易引入杂质，粉末纯度不高、颗粒分布也不均匀。

化学气相法

该法利用挥发性金属化合物蒸气的化学反应来合成所需粉末，是典型的气相法。适用于氧化物和非氧化物粉末的制备。特点：产物纯度高，粒度可控，粒度分布均匀且窄，无团聚。但设备投资大、能耗高、制成本高。

化学气相沉积法（CVD）原料以气体方式在气相中发生化学反应形成化合物微粒（图49）。普通CVD法获得的粉末一般较粗，颗粒存在再团聚和烧结现象。而等离子体增强的化学气相沉积法是利用等离子体产生的超高温激发气体发生反应，同时利用等离子体高温区与其周围环境形成的巨大温度梯度，通过急冷获得纳米微粒。如日本的新原皓一应用此法制备了 Si_3N_4/SiC 纳米复合粉末。利用该方法制得的粉末粒度可控，粒度分布均匀，但成本较高，不适合工业化大规模生产。

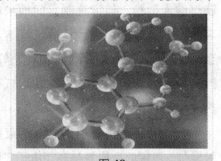

图 49

气相分解法一般是以金属有机物为原料，通过气相状态下的热分解而制得纳米粉末。例如以 $Zr（DC_4H_9）_4$ 为原料，经气相分解合成 ZrO_2 纳米粉末。但是，金属有机物原料成本较高。

化学沉淀法

这是液相化学合成高纯纳米粉末应用最广的方法之一。它是将沉淀剂（OH^-，CO_3^{2-}，SO_{42}^- 等）加入到金属盐溶液中进行沉淀处理（图50），再将沉淀物过滤、干燥、煅烧，就制得纳米级化合物粉末，是典型的液相法。主要用于制备纳米级金属氧化物粉末。它又包括共沉淀和均相沉淀法。如何控制粉末的成分均匀性及防止形成硬团聚是该方法的关键问题。

共沉淀法将沉淀剂加入混合金属盐溶液中，使各组分混合均匀地沉淀，再将沉淀物过滤、干燥、煅烧，即得纳米粉末。如以 $ZrOG_2 \cdot 8H_2O$ 和 G_3 为起始原料，用过量氨水作沉淀剂，采用化学共沉法制备 $ZrO_2-Y_2O_3$ 纳米粉

图 50

末。为了防止形成硬团聚，一般还采用冷冻干燥或共沸蒸馏对前驱物进行脱水处理。

均相沉淀法一般的沉淀过程是不平衡的，但如果控制溶液中的沉淀剂浓度，使之缓慢地增加，则可使溶液中的沉淀反应处于平衡状态，且沉淀可在整个溶液中均匀地出现，这种沉淀法称为均相沉淀法。例如施剑林采用尿素作为均相沉淀剂，使之在 70℃左右发生分解形成氨水沉淀剂，通过均相沉淀法制备 $ZrO_2-Y_2O_3$ 纳米粉末。

水热法是通过金属或沉淀物与溶剂介质（可以是水或有机溶剂）在一定温度和压力下发生水热反应，直接合成化合物粉末。若以水为介质，一般用于合成氧化物晶态粉末。如 Zr 或 $Zr(OH)_4$ 与 H_2O 在 300℃以上发生水热反应生成 ZrO_2 纳米粉末。该方法的最大优点是由于避开了前驱体的煅烧过程，因而粉末中不含硬团聚，所得粉末的烧结性极佳。但水热法在制备复合粉末时，为保证粉末成分的均匀性，反应条件苛刻，且制粉成本高。

最近，钱逸泰等人以有机溶剂作为介质，利用类似于水热法的方法（此时又称有机溶剂热合成法）合成出了纳米级非氧化物粉末。例如，以

CaG$_3$ 和 Li$_3$N 为原料，以苯为介质，在 300℃以下合成纳米 CaN（氮化镓）粉末。以 InG$_3$ 和 AsG$_3$ 为原料，以甲苯为介质，以金属 Na（钠）为还原剂，在 150℃合成了纳米 InAs（砷化铟）粉末。以 CG$_4$ 和金属 Na 为原料，在 700℃制造了纳米级金刚石粉末；该工作发表在 Science（《科学》）上，立即被美国评价为"稻草变黄金"。以 SiG$_4$ 和 NaN$_3$ 为原料，在 670℃和 46 兆帕下制备出晶态 Si$_3$N$_4$ 纳米粉末。以 SiG$_4$ 和活性炭为原料，用金属 Na 作还原剂，在 6000℃制取纳米 SiC 粉末。在 350℃、10MPa 下，用金属 K（钾）还原六氯代苯合成了多层纳米碳管……可见，有机溶剂热合成法是一个合成非氧化物纳米粉末非常有前途的方法。

溶胶—凝胶法

溶胶—凝胶法（图 51）（Sol-gel）的基本原理是：以易于水解的金属化合物（无机盐或金属醇盐）为原料，使之在某种溶剂中与水发生反应，经过水解和缩聚过程逐渐凝胶化，再经干燥和煅烧得到所需氧化物纳米粉末。此外，溶胶—凝胶法也是制备薄膜和涂层的有效方法。从溶胶到凝胶再到粉末，组分的均匀性和分散性基本上得以保留；加之煅烧温度低，

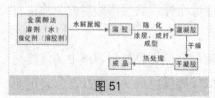

图 51

因此，所得粉末的粒度一般为几十个纳米。对于金属醇盐水解的溶胶—凝胶法，一般需用有机醇作介质，水的体积分数较低，由于低的表面张力以及不易形成氢键，因此所得粉末的团聚强度也低。然而，由于金属醇盐原料昂贵，加之操作复杂，该方法的推广应用受到限制，目前还处于实验室研究阶段。

目前，以非醇盐为原料的络合物溶胶—凝胶法开始大量采用，正是基于降低成本的考虑。例如以柠檬酸为结合剂的络合物溶胶—凝胶法，被广泛用于制备氧化物超导材料。络合剂在这里主要起到抑制组分结晶析出的作用，以确保各个组分在溶液状态下的混合均匀性保留在复合粉末中。但是，用该方法制得的粉末基本上是成块的。

溶剂蒸发法

通过加热直接将溶剂蒸发，随后溶质从溶液中过饱和析出，使溶质与溶剂分离。但这只适于单组分溶液的干燥。对多组分体系来说，由于各组分在溶液中存在溶解度的差异，因而蒸发的各个溶质析出的先后顺序不同，这就会造成成分的分离，使体系失去化学均匀性。例如，制备 PLZT 粉末时，若采用直接蒸发的方法，首先析出硝酸钛的水解产解 Ti（OH）$_4$ 而其他组分的析出则较慢，因而影响 PLZT 粉末的成分均匀性。所以，直接蒸发法一般不作为首选方法。为了解决这个问题，可采用喷雾干燥或冷冻干燥，先将溶液分散成小液滴，并通过迅速加热或升华过程将溶剂脱除，就可以减小成分离可能发生的范围，甚至抑制成分分离，从而制得成分均匀的粉末。

图 52

电解法

电解法包括水溶液和熔融盐电解（图 52）。用该方法可制得一般方法不能制备或很难制备的高纯金屑纳米粉末，特别是电负性大的金属粉末。例如卢柯用电解沉积技术制备了纳米铜粉末。

高温自蔓延合成（SHS）法

在引燃条件下，利用反应热形成蔓延的燃烧过程制取化合物粉末的方法称为高温自蔓延合成法。最早由前苏联研究成功。但是，用该方法难以获得纳米级粉末，且产品的许多性能是难以控制的，SHS 法可分为元素合成和化合物合成两种方法。所谓元素合成是指反应物原料均为单质元素，例如用钛粉与非晶硼粉为原料，采用 SHS（图 53）技术可合成较细的二硼化钛（TiB$_2$）粉末，TiB$_2$ 粉末的纯度主要取决于原料的纯度。但是，由于高纯度的非晶硼粉价格昂贵（20 元／克），使得用该方法制得的 TiB$_2$ 粉末

前途无量的纳米技术

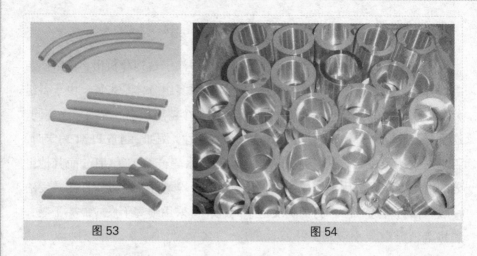

图 53 图 54

没有实用价值。所谓化合物合成是用金属或金属氧化物为反应剂，活性金属（如 Al、Mg 等）为还原剂。此外，SHS 法还可用于烧结、热致密化、冶金铸造、涂层等（图 54）。

纳米材料的应用

在未来，纳米材料将成为材料科学领域的一个大放异彩的"明星"，在新材料、信息、能源等各个技术领域发挥举足轻重的作用。神通广大的纳米材料，及其诱人的应用前景促使人们对这一崭新的材料努力探索，并扩大其应用，使它为人类带来更多的利益。

陶瓷增韧

由于大多数陶瓷是由离子键或共价键组成的（图 55），所以与金属材料和高分子材料相比，它有自己的特性：熔点高、硬度高、弹性模量高、

纳米材料的应用领域

性　能	用　　途
力学性能	超硬、高强、高韧、超塑性材料，特别是陶瓷增韧和高韧高硬涂层
光学性能	光学纤维、光反射材料、吸波隐身材料、光过滤材料、光存贮、光开关、光导电体发光材料、光学非线性、红外线传感器、光折变材料
磁　性	磁流体、磁记录、永磁材料、磁存储器、磁光元件、磁探测器、磁致冷材料、吸波材料、细胞分离、智能药物
电学特性	导电浆料、电极、超导体、量子器件、压敏电阻、非线性电阻、静电屏蔽
催化性能	催化剂
热学性能	耐热材料、热交换材料、低温烧结材料
敏感特性	湿敏、温敏、气敏等传感器、热释电材料
其　他	医学（细胞分离，细胞染色，医疗诊断，消毒杀菌，药物载体）、能源（电池材料，贮氢材料）、环保（污水处理，废物料处理，空气消毒）、助燃剂、阻燃剂、抛光液、印刷油墨、润滑剂

高温强度高、耐磨、耐蚀、耐热、抗氧化等。许多精细陶瓷（又叫特种陶瓷，以区别于传统陶）如 Al_2O_3、ZrO_2、Si_3N_4、SiC、TiC、TiB_2 等都是优异的高温结构材料。其中，有些陶瓷还具有优异的综合性能，例如 ZrO，既是

阴阳离子通过静电作用形成的化学键
离子键

图 55

优良的结构材料，用于制造整形模、拉丝模、切削刀具、表带、连杆、推杆、轴承、气缸内衬、活塞帽、坩埚、磨球等；又是具有氧离子导电性的功能材料，用于制造氧传感器，广泛应用于检测汽车尾气，锅炉烟气及钢液氧含量，还可制造高温燃料电池和电化学氧泵。又如，Si_3N_4 既可作发动机零部件和刀具材料，又可作抗腐蚀和电磁方面应用的材料。SiC 既是极有前途的高温结构材料，又是常用的发热体材料、非线性压敏电阻材料、耐火材料、磨料和原子能材料。

图 56

然而，特种陶瓷（图 56）与传统

图 57

陶瓷（图 57）一样，它的最大缺点是塑性变形能力差、韧性低、不易成型加工。由于这些缺点，材料一经制成制品，其显微结构就难以像金属和合金那样可通过变形加工来求得改善，特别是其中的孔洞、微裂纹和有害杂质不可能通过变形加工来改变其形态或予以消除。并且，陶瓷的力学性能的结构敏感性也比金属和合金强得多，因此，陶瓷材料往往容易产生突发性的脆性断裂。由于这些缺点，使得结构陶瓷的广泛应用受到一定的限制。改善陶瓷材料的韧性并达到工程化应用水平一直是材料科学家孜孜以求的目标。近年来的研究表明，由于纳米陶瓷晶粒大大细化，晶界数量大幅度增加，可使陶瓷的强度、韧性和超塑性大为提高，并对材料的电、磁、光、热等性能产生重要的影响。

由于纳米粉末具有巨大的比表面积，使作为粉末性能驱动力的表面能剧增，扩散速率增大，扩散路径变短，烧结活化能降低，因而烧结致密化速率加快，烧结温度降低，烧结时间缩短。既可获得很高的致密化，又可获得纳米级尺度的显微结构组织，这样的纳米陶瓷将具有最佳的力学性能。还有利于减少能耗，降低成本。例如，纳米 Al_2O_3 的烧结温度比微米级 Al_2O_3 降低了 300℃ ~ 400℃；纳米 ZrO_2 的烧结温度比微米级 ZrO_2 降低了 400℃；纳米 Si_3N_4 烧结温度比微米级 Si_3N_4 降低了 400℃ ~ 500℃。纳米 Y-TZP 陶瓷的超塑性应变速率比 0.31 微米的亚微米 Y-TZP 高出 34 倍；纳米 TiO_2 陶瓷的显微硬度是普通 TiO_2 的 6.5 倍；纳米 SiC 陶瓷的断裂韧性比普通 SiC 提高 100 倍。

近年来纳米陶瓷的一个重要发展方向是纳米复合陶瓷（图58）。纳米复合陶瓷一般分为三类：（a）晶内型，即晶粒内纳米复合型，纳米粒子主要弥散于微米或亚微米级基体晶粒内；（b）晶间型，即晶粒间纳米复合型，纳米粒子主要分布于微米或亚微米级基体晶粒间；（c）晶内/晶间纳米复合型，由纳米级粒子与纳米级基体晶粒组成。在陶瓷基体中引入纳米级分散相粒子进行复合，使陶瓷材料的强度、韧性及高温性能得到大大改善。日本的新原皓一总结了几种纳米复合陶瓷的性能改善，发现纳米复合技术使陶瓷基体材料的强度和韧性提高2～5倍，工作温度提高25%～133%。在氧化物陶瓷中加入适量纳米颗粒后，强度和耐高温性能明显提高，如SiC（纳米）/MgO纳米复

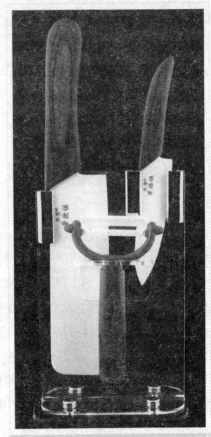

图58

合陶瓷在1400℃仍然具有600兆帕的强度。这表明在解决1600℃以上应用的高温结构材料方面，纳米复合陶瓷是一个重要途径（图59）。

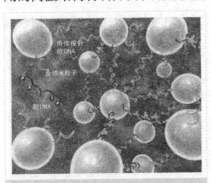

图59

在纳米复合陶瓷方面，许多国家非常重视并进行了比较系统的研究，取得了一些具有商业价值的研究成果，西欧、美国和日本正在进行中间生产的转化工作。例如，把纳米AlC_2O_3粉末加入到粗晶Al_2O_3粉末中，可提高Al_2O_3坩埚的致密度和耐冷热疲劳性能。英国科技人员把纳米Al_2O_3与纳米ZrO_2进行混合，

前途无量的纳米技术

图 60

烧结温度可降低 100℃，在实验室已获得高韧性的陶瓷材料。英国还制订了一个很大的纳米材料发展计划，重点发展纳米 Al_2O_3/纳米 ZrO_2，纳米 Al_2O_3/纳米 SiO_2、纳米 Al_2O_3/纳米 Si_3N_4，纳米 Al_2O_3/纳米 SiC 等新型纳米复合陶瓷。日本用纳米 Al_2O_3 与亚微米 SiO_2 合成莫来石（图60），这是一种非常好的电子封装材料，研究目标是提高致密度、韧性和热导率。

德国将 20% 的纳米 SiC 掺入到粗晶 α-SiC 粉末中，断裂韧性提高 25%。

我国已经成功地用多种方法制备了纳米陶瓷粉末，其中 ZrO_2、SiC、Al_2O_3、TiO_2、SiO_2、Si_3N_4 等纳米粉末都已经完成了实验室工作，制备工艺稳定、生产量大，为大规模生产提供了良好的条件，并引起了企业界的普遍关注。Al_2O_3 基板材料是微电子工业重要的材料之一，长期以来我国的基板材料靠国外进口。最近采用流延法初步制备了添加纳米 Al_2O_3 的基板材料，光洁度大大提高，抗冷热疲劳性和断裂韧性提高近 1 倍，热导系数比常规 Al_2O_3 基板材料提高 20%。将纳米 Al_2O_3 粉末添加到 85 瓷、95 瓷中，发现强度和韧性均提高 50% 以上。

在光学上的应用

纳米微粒由于小尺寸效应，使其具有常规大块材料不具备的光学特性，如光学非线性、光吸收、光反射、光传输过程中的能量损耗等都与纳米微粒的尺寸有很强的依赖关系。利用纳米微粒特殊的光学特性制备出的各种光学材料将在日常生活和高技术领域得到广泛的应用。

光学纤维

光纤（图61）在现代通讯和光传输上占有极重要的地位，纳米微粒作

图 61

为光纤材料已显示出优越性，如用经热处理后的纳米 SiO_2 光纤对波长大于 600 纳米的光的传输损耗小于每千米 10 分贝，这个指标是很先进的。

红外反射材料

纳米微粒用于红外反射材料，主要是制成薄膜和多层膜来使用。主要的红外反射膜材料有：Au、Ag、Cu 等金属薄膜，SnO_2、In_2O_3、ITO（In_2O_3–10% SnO_2）等透明导电薄膜，TiO_2–SiO_2、ZnS–MgF_2 等多层干涉薄膜及 TiO_2–Ag–TiO_2 等含金属的多层干涉薄膜。成膜方法主要有真空蒸镀法、溅射法、喷雾法、CVD 法、浸渍法。纳米微粒的膜材料在灯泡工业上有很好的应用前景。高压钠灯以及各种用于摄影的碘弧灯都要求强照明，但灯丝被加热后有 69% 的电能转化为红外线，这表明有相当高的电能转化为热能而被消耗掉，仅有少部分电能转化为光能来照明。同时，灯管过度发热也影响灯具寿命。如何提高发光效率，增加照明度一直是亟待解决的关键问题，纳米微粒为解决此问题提供了一条新的途径。20 世纪 80 年代以来，人们用纳米 SiO_2 和纳米 TiO_2 制成了多层干涉膜，总厚度为微米级，衬在灯泡罩的内壁，结果不但透光率好（波长 500 ~ 800 纳米），不影响照明，而且有很强的红外反射能力（波长 1250 ~ 1800 纳米），节约电能。估计这种灯泡亮度与传统的卤素灯相同时（图 62），可节电约 15%。

图 62

红外吸收和紫外吸收材料

红外吸收材料在日常生活和国防上都有重要的应用前景。一些发达国家已经开始用具有红外吸收功能的纤维制成军服。这种纤维对人体释放出来的红外线（波长一般在 4 ~ 16 纳米的中红外频段）有很好的屏蔽作用，从而可避免被敌方非常灵敏的红外探测器所发现，尤其是在夜间行军时。具有这种红外吸收功能的纳米粉末有纳米 Al_2O_3、纳米 TiO_2、纳米 SiO_2、纳米 Fe_2IO_3 及其复合粉末。这种添加有上述纳米粉末的纤维，由于对人体红外线有很强的吸收作用，可以起到保暖作用，减轻的衣服重量可达 30%。

此外，纳米微粒的量子尺寸效应使它对某种波长的光吸收带有蓝移现象，对各种波长光的吸收带有宽化现象，紫外吸收材料就是利用这两个特性而研制成功的。具有紫外吸收功能的纳米粉末 Al_2O_3、纳米 TiO_2、纳米 SiO_2、纳米 ZnO、纳米云母等。其中，纳米 Al_2O_3 对波长 250 纳米以下的紫外光有很强的吸收能力，这一特性可用于提高日光灯管的使用寿命上。我们知道，日光灯管是利用水银的紫外谱线来激发灯管壁的荧光粉导致高亮度照明。一般来说，185 纳米的短波紫外线对灯管寿命有影响，而且紫外线从灯管内往外泄漏对人体也有损害，这一关键问题一直是困扰日光灯管工业的主要问题。如果把纳米 Al_2O_3 粉末掺入到稀土荧光粉中，可以利用纳米微粒的紫外吸收蓝移现象来吸收掉这种有害的紫外光，却不降低荧光粉的发光效率。30 ~ 40 纳米的纳米 TiO_2 对波长 400 纳米以下的紫外光有极强的吸收能力。我们知道，紫外线主要位于 300 ~ 400 纳米波段，太阳光对人体有伤害的紫外线也在此波段。防晒油和化妆品中添加的纳米微粒，就是要选择对这个波段的紫外线有强吸收能力的纳米粉末（图 63）。纳米粉末的粒度不能太小，否则将会堵塞汗孔，不利于身体健康，但粒度也不能太大，否则紫外线吸收又会偏离这个段，达不到应有的吸收效果。为此，一般先将纳米微粒表面包覆一层对人体无毒害的高聚物，然后再加入到防

图 63

晒油和化妆品中。纳米 Fe_2O_3 对 600 纳米以下的紫外光有良好的吸收能力，可用半导体器件的紫外线过滤器。塑料、橡胶制品和涂料在紫外线照射下很容易老化变脆，如果在它们表面涂上一层含有上述纳米微粒的透明涂层，或在其中掺入上述纳米微粒，就可以防止塑料和橡胶老化，防止油漆脱落。

隐身材料

隐身就是隐蔽的意思，把自己的外表伪装起来，让别人看不见。近年来随着科学技术的发展，各种探测手段越来越先进，例如用雷达发射电磁波可以探测飞机，利用红外探测器可以发现放射红外线的物体。在现代化战争中，隐身技术发展迅速，隐身材料在其中占有重要地位。在 1991 年的海湾战争中，美国战斗机 F117A 型机身表面包覆了红外材料和微波隐身材料（图 64），它具有优异的宽频带微波吸收能力，可以逃避雷达的监视，而伊拉克的军事目标和坦克等武器没有防御红外线探测的隐身材料，很容

图 64

易被美国战斗机上灵敏的红外线探测器所发现，并被美国的激光制导武器准确地击中。纳米 Al_2O_3、纳米 Fe_2O_3、纳米 SiO_2、纳米 TiO_2 的复合粉末曾用于隐身材料，与高分子纤维结合对红外波段有很强的吸收性能，因此对这个波段的红外探测器有很好的屏蔽作用。纳米磁性微粒特别是类似铁氧体的纳米磁性材料，既有良好的吸收和耗散红外线的性能，又具有优良的吸波特性，还可以与驾驶舱内的信号控制装置相配合，改变雷达波的反射信号，使其波形发生畸变，从而有效地干扰、迷惑雷达操纵员，达到隐身目的。纳米级硼化物、碳化物，也将在隐身材料方面大有作为。

磁性材料

磁流体

磁流体是使强磁性纳米微粒外包覆一层长链的表面活性剂（图 65），并稳定地分散在基液中形成的胶体。它兼具固体的强磁性和液体的流动性

图 65

（在磁场作用下）。目前大多数是以 10 纳米 Fe_3O_4 微粒为磁性粒子，并将纳米粒子分散在含有油酸的水中，使油酸吸附在粒子表面上，再经脱水后分散在基液中。磁流体目前主要应用于旋转轴的防尘动态密封，如计算机硬盘轴处的防尘密封，单晶炉转轴处的真空密封，X 光机转靶部分的密封等。此外，磁流体还是一种新型的润滑剂，由于磁性粒子只有 10 纳米左右大小，不会损伤轴承，基液也可采用普通润滑油，只要采用合适的磁场，就可以将磁性润滑剂约束在所需部位。日本将磁流体用于陶瓷轴承的抛光过程中，功效提高了近 100 倍。最近他们又在试验利用磁流体在几十度温差下的对流制成发电装置。磁流体还用于增加扬声器的输出功率。通常扬声器中音圈的散热是靠空气传热的，对一定的音圈而言只能承受一定的功率，过大的功率会烧坏音圈。如果在音圈与磁铁间隙处滴入磁流体，由于液体的导热系数比空气高 5 ~ 6 倍，从而使得在相同结构的情况下，扬声器的输出功率增加 1 倍。日本三洋电机公司已经推出了采用这种技术的大功率扬声器。磁流体还用作阻尼器件，消除步进电机在工作过程中的振荡现象。利用磁流体对不同比重的物体进行比重分离，在选矿和化学分离领域中有广阔的应用前景。只需控制合适的外加磁场强度，就可以使低于某密度值的物体上浮，使高于此密度值的物体下沉，从而达到分离目的。例如，利用磁流体使高密度的金与低密度的砂石分离，利用磁流体使城市废料中金属与非金属的分离。据报道，2000年日本的磁流体产值将达到1.7亿美元。北京钢铁研究总院也开发了纳米FeN等磁流体产品。

磁记录材料

信息技术的发展需要高性能化和高密度化的磁记录材料（图66）。例如，每1平方厘米面积上需记录1000万条以上的信息，这相当于在几个平方微米的记录范围内，要求至少具有300个记录单元。以纳米微粒制成的磁记录材料为这种高记录密度的实现提供了有利条件。由于纳米磁性微粒尺寸小，具有单磁畴结构和很高的矫顽力，用其制作磁记录材料，可以提高信噪比，改善图像质量。纳米磁性微粒除了上述应用之外，还可作光快门、光调节器、抗癌药物磁性载体、激光磁艾滋病毒检测仪、细胞磁分离介质材料、复印机墨粉材料、磁墨水、磁印刷等。

图66

而作为磁记录的纳米粒子，要求为单磁畴针微粒（100～300纳米长，10～20纳米宽），体积尽量小，但粒径不得小于变超顺磁性的临界尺寸（约10纳米）。一般选用λ-FeO_3、9.6% Co包覆的Y-Fe_2、CrO_2、Fe及Ba铁氧体等针状磁性粒子（图67）。

纳米微晶软磁材料

Fe-Si-B是一类重要的非晶态软磁材料，在其中加入Cu、Nb，有利于铁微晶的成核和细化晶粒，从而获得纳米微晶软磁材料。组成为$Fe_{37.5}$、Cu_x、Nb_3、$Si_{17.5}$、B9的纳米微晶软磁

图67

材料，其磁导率高达 10^5。将它用于 30 赫兹、2 千瓦的开关电源变压器，重量仅 300 克，效率高达 96%。目前，纳米微晶软磁材料沿着高频、多功能方向发展，其应用领域将遍及软磁材料的应用各个方面，如功率变压器、脉冲变压器、高频变压器、振流圈、可饱和电抗器、互感器、磁屏蔽、磁头、磁开关、传感器等，它将成为铁氧体的有力竞争者。近年来 Fe-M-O（M=Hf，Zr），磁性薄膜器件如电感器、高密度读出磁头等也有了显著进展。据报道，北京钢铁研究总院可年产 1000 吨纳米微晶软磁材料。

纳米微晶稀土永磁材料

稀土永磁材料的问世使永磁材料的性能突飞猛进。稀土永磁材料先后经历了 $SmCO_5$、Sm_2Co_{17}、$Nd_2Fe_{14}B$ 3 个发展阶段。目前，烧结 $Nd_2Fe_{14}B$ 稀土永磁材料的磁能积已高达每立方米 432 千焦（54MGOe），接近理论值每立方米 512 千焦（64MGOe），并已进入规模生产。2000 年日本又不可思议地研制出磁能积为 $558.4kJ/m^3$（86.88MGOe）的纳米晶 $Nd_2Fe_{14}B$ 材料，超过了最大磁能积的理论值，其产品于 2001 年投放市场。1998 年全世界 NdFeB 产量达到 10090 吨，其中我国为 4100 吨。1999 年，我国的 NdFeB 产量上升至 5300 吨。美国 GM 公司快淬 NdFeB 磁粉的年产量已达

图68

到 4500 吨，目前，NdFeB 产值年增长率为 18% ~ 20%，占永磁材料产值的 40%。但是，NdFeB 永磁铁的主要缺点是（图 68）：居里温度偏低，Tc=230℃，最高工作温度为 177℃，化学稳定性较差，易被腐蚀和氧化，价格也较铁氧体高。解决这些问题的方法有两个：一是探索新型稀土永磁材料，如 $ThMn_{12}$ 型化合物、$Sm_2Fe_{17}Nx$、$Sm_2Ee_{17}C$ 化合物等；二是研制纳米复合稀土永磁材料，即将软磁相与永磁相在纳米尺度上进行复合，以获得兼具软磁材料的高饱和磁化强度和永磁材料的高矫顽力的新型磁材料。纳米复合稀土永磁材料成为当今磁性材料的一个研究热点。

图 69

纳米巨磁阻抗材料（图 69）

1988 年，法国巴黎大学有人在 Fe/Cr 多层膜中发现了巨磁电阻效应。1992 年，日本发现纳米颗粒膜的巨磁电阻效应，更加引起了人们的密切关注。我们知道，均匀金属导体横截面上的电流密度分布是均匀的。但在交流电流中，随着频率的增加，在金属导体截面上的电流分布越来越向导体表面集中，这种现象叫做集肤效应。集肤效应使导体的有效截面积减小了，因此导体的有效电阻或阻抗就增大。集肤效应越强，电阻就越大。这种在高频电流下，电阻随磁场的变化而显著变化的现象称为巨磁电阻效应。巨磁电阻效应材料可用做磁头和精密磁传感器，其应用前景非常广阔。1994 年美国 IBM 公司研制成功具有巨磁电阻效应的读出磁头、磁电子器件等产品，产生了巨额利润。目前仅巨磁电阻效应高密度读出磁头的市场就达 10 亿美元。而磁存储器的预计市场将达 1000 亿美元。

目前，这一领域研究追求的是提高工作温度、降低磁场。如果在室温和零点几个特斯拉的磁场下，颗粒膜巨磁电阻达到 10，那么就接近适用的使用目标了。

在生物和医学上的应用

纳米微粒的尺寸一般比生物体内的病毒（小于 100）、细胞、红血球（200 ~ 300 纳米）小得多，这就为生物学研究提供了一个新的研究途径，即利用纳米微粒进行细胞分离、细胞染色，以及利用纳米微粒制成智能药物或新型抗体进行局部定向治疗等。目前纳米材料与生物和医学上的应用研究还处于初级阶段，但一定会有广阔的应用前景。

细胞分离

生物细胞分离是生物细胞学中一项十分重要的技术，它关系到研究需要的细胞标本是否能尽量快速获得。20 世纪 80 年代初，人们开始利用纳米 SiO_2，再将其表面包覆单分子层而形成 30 纳米左右大小的复合体（包覆层一般选择与所要分离细胞有亲和力作用的物质作为附着层），然后制取含有多种细胞的聚乙烯吡啶烷酮胶体溶液，最后将纳米 SiO_2 包覆粒子均匀分散到含有多种细胞的聚乙烯吡啶烷酮胶体溶液中，通过离心技术，利用密度梯度原理分离出需要的细胞。这种细胞分离技术在医疗临床诊断上有广阔的应用前景。例如，在妇女怀孕 8 个星期左右，其血液中就开始出现非常少量的胎儿细胞，为了判断胎儿是否有遗传缺陷，过去常常采用价格昂贵并对人体有害的羊水诊断等技术。而纳米微粒很容易将血样中极少量

图70

的胎儿细胞分离出来，方法简便，价钱便宜，并能准确地判断出胎儿细胞是否有遗传缺陷。这种先进技术已在美国等发达国家获得临床应用。又如，癌症的早期诊断一直是医学界亟待解决的难题。美国科学家利贝蒂指出，利用纳米微粒（如 50 纳米的 Fe_3O_4 微粒）进行细胞分离技术很可能在肿瘤早期的血液中检查出癌细胞，从而实现癌症的早期诊断和治疗。同时，他们还在研究利用细胞分离技术检查血液中的心肌蛋白，以帮助治疗心脏病（图 70）。

细胞内部染色

细胞内部染色对于用光学显微镜和电子显微镜研究细胞内的各种组织是十分重要的一项技术（图 71），它在研究细胞生物学中起到极为重要的作用。未加染色的细胞由于衬度很低，很难用光学显微镜和电子显微镜进行观察，细胞内的器官和骨骼体系很难观察和分辨。为此需要寻找新的染色方法，以提高观察细胞内组织的分辨率。纳米微粒的出现，为建立新染色技术提供了新的途径。最近比利时的 DeMey 等人用乙醚的黄磷饱和溶液、抗坏血酸或柠檬酸钠把 Au 从氯化金酸（$HAuCl_4$）水溶液中还原出来形成 3～40 纳米的纳米 Au 微粒。然后制备多种纳米 Au 粒子和不同抗

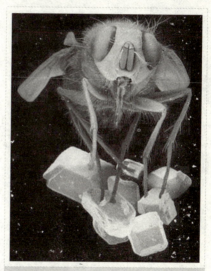

图 71

体的复合体。不同的抗体对细胞内各种器官和骨骼组织的敏感程度，就相当于给各种组织贴上了标签。由于不同的复合体在显微镜下衬度差别很大，这就很容易分辨各种组织。此外，采用纳米 Au 微粒制成的 Au 溶胶，接上抗体就能进行免疫学的间接凝集试验可用于快速诊断。例如，将 Au 溶胶妊娠试剂加入到孕妇尿中，未妊娠呈无色，妊娠则呈显著的红色，判断结果清晰可靠。仅用 0.5 克金即可制备 10000 毫升金溶胶，可测 10000 人次。

表面包覆高分子层的纳米磁性微粒在药物上的应用

10～50纳米的纳米 Fe_3O_4 磁性微粒表面涂覆高分子（如聚甲基丙烯酸）后，尺寸达到约200纳米，再与蛋白相结合可以注入生物体中。动物临床实验表明，这种载有高分子和蛋白的纳米磁性微粒作为药物载体，然后静脉注射到动物（如小鼠白兔等）体内，在外加磁场下通过纳米 Fe_3O_4 微粒的磁性导航，使药物移向病变部位，达到定向治疗的目的。这种局部治疗效果好，正常组织细胞未受到伤害，副作用少，很可能成为未来癌症的治疗方向。值得注意的是，纯金属 Ni、Co 纳米磁性微粒由于有致癌作用，不宜使用。另外，如何避免包覆的高分子层在生物体中发生分解是影响这项技术在人体应用的一个重要问题。

Part 3
纳米医学

　　纳米医学是随着纳米生物医药发展起来的用纳米技术解决医学问题的学科。合成生物学的发展，开发细胞机器人或细胞生物计算机等技术，将带来一场新的纳米技术革命。纳米技术和材料的发展将给医学领域带来一场深刻的革命，主要在对付癌症和治疗心血管疾病方面有重要意义。

纳米医学的奥秘

　　健康是现代人的追求，而医学又与人体健康息息相关。那么，纳米医学不同于传统医学的是什么呢？

　　我们知道人体是由多种器官组成的，如大脑、心脏、肝、脾、胃、肠、肺、骨骼、肌肉和皮肤等；器官又是由各种细胞组成的，细胞是器官的组织单元，细胞的组合作用才显示出器官的功能。那么细胞又是由什么组成的呢？按现在的认识，细胞的主要成分是各种各样的蛋白质、核酸、脂类和其他生物分子，可以统称为生物分子（图72），它的种类有数十万种。生物分子是构成人体的基本成分，它们各自具有独特的生物活性，正是它们不同的生物活性决定了它们在人体内的分工和作用。由于人体是由分子构成的，

图72

所有的疾病包括衰老本身就都可归因于人体内分子的变化。当人体内的分子机器，如合成蛋白质的核糖体、DNA复制所需的酶等，出现故障或工作失常时，就会导致细胞死亡或异常。从分子的微观角度来看，目前的医疗技术尚无法达到分子修复的水平。纳米医学正是要弥补这个不足，它可以在分子水平上，利用一系列微小的工具从事诊断、医疗、预防疾病、防止外伤、止痛、保健和改善健康状况等工作。而且当前某些难以治疗的疾病利用纳米医学技术将得到很好治疗。

　　有了纳米技术，人们将从分子水平上认识自己，创造并利用纳米装置和纳米结构来防病治病，改善人类的整个生命系统。

　　首先需要认识生命的分子基础，然后从科学认识发展到工程技术，设

计制造大量具有令人难以置信的奇特功效的纳米装置，这些微小的纳米装置的几何尺度仅有头发丝的千分之一左右，是由一个个分子装配起来的，能够发挥类似于组织和器官的功能，并且能更准确和更有效地发挥作用。它们可以在人体的各处畅游，甚至出

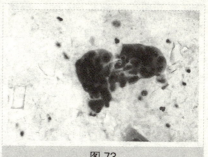

图73

入细胞，在人体的微观世界里完成特殊使命。例如：修复畸变的基因、扼杀刚刚萌芽的癌细胞（图73）、捕捉侵入人体的细菌和病毒，并在它们致病前就消灭它们；探测机体内化学或生物化学成分的变化，适时地释放药物和人体所需的微量物质，及时改善人的健康状况。未来的纳米医学将是强大的，它又会是令人惊讶的小，因为在其中发挥作用的药物和医疗装置都是肉眼所无法看到的。最终实现纳米医学，将使人类拥有持续的健康。

需要提醒的是，如果现在就跑到大夫那儿去要纳米处方，大夫会被你弄得莫名其妙。上面所谈的纳米医学景观尚处于设计和萌芽阶段，还有很多的未知领域需要去探索。例如：这些纳米装置该由什么制成？它们是否可以被人体接受并发挥预期的作用？科学家们正在全力以赴地把纳米医学的科学想法变成医学现实。

一定有人会问：纳米医学是不是科学幻想？它离我们到底有多远？还要等多久才能看到医学上的实现？事实上，它已经逐步进入我们的生活，并获得蓬勃发展。下面让我们看一看这一领域已经取得的科学进展。

纳米技术找到瞌睡虫

人困了就要睡觉，但睡觉是什么因素在起作用呢？人们身上有没有"瞌睡虫"呢？

近年来，由于电脑、示踪原子、电子显微镜等先进技术的使用，"瞌睡虫"似乎已被发现了。科学家们曾做过一种实验，使一只山羊累得筋疲力尽，不让它睡觉，然后取其一些脑髓液，再注入猫、狗或人体中，仅百万分之一克，就能使受试者沉睡几个小时，利用精密的分析方法，得知组成这种

睡眠素的成分是一种睡眠肽,被称为 S 因子,也就是人们常说的"瞌睡虫"。另一种实验方法,则把目标选在冬眠动物上。先用人工条件使黄鼠进入冬眠,抽取其血液,注入到活蹦乱跳的田鼠体中,田鼠也马上进入冬眠。科学家深入研究,发现冬眠动物血液中存在三种奇异的微小颗粒,具有诱发动物冬眠的作用。

有趣的是,科学家通过应用生物纳米技术已经找到了好几种不同结构的睡眠素,它们在睡眠过程中能起不同的作用,有的能催眠,有的能延长睡眠的时间,有的能使睡眠更加深沉。

图 74

目前科学家正在加紧研究睡眠素的结构,以便找到人工合成的方法。一旦揭开其中奥秘,不仅可以使无数失眠病人解除痛苦,还可以给医生找到一种新疗法:手术后给病人注射微量睡眠素,使病人熟睡几天或几周,一觉醒来,伤口已愈合。利用睡眠素,宇航员在漫长的宇宙航行中沉睡几个月甚至更长时间(图 74),使人类飞向茫茫宇宙成为现实。

纳米造新药

我们平常吃药要么口服,要么打针,都不太舒服。有没有方法不用打针吃药呢?要想治病,药还是得"吃"。可是如果把药物的颗粒变成了纳米尺寸,那么就可以不用嘴来吃了,而是让我们的皮肤来"吃",也就是让皮肤来吸收药物。如果把纳米药物做成膏药贴在患处,药物可以通过皮肤直接被吸收,而无须针管注射,便少去了注射的感染。

按目前的认识,有半数以上的新药存在溶解和吸收的问题。由于药物颗粒缩小后,药物与胃肠道液体的有效接触面积将增加,药物的溶解速率随药物颗粒尺度的缩小而提高。药物的吸收又受其溶解率的限制,因此,缩小药物的颗粒尺度成为提高药物利用率的可行方法。一些原本不易被人体吸收的药物如果变成纳米药物，如把维生素等做成纳米粉或纳米粉的悬浮液则极易被人体吸收。

随着纳米技术在医药领域的应用研究和开发的深入，超细纳米技术将在医药领域发挥更重要的作用。运用纳米技术，还可以对传统的名贵中草药进行超细开发（图75），同样服用

图 75

贴药，纳米技术处理的中药可以最大限度地发挥药效。

人造胰脏

纳米生物技术的典型例子是德赛博士的人造胰脏（图76）。德赛博士在波士顿大学工作，她正在研制一种可以注入糖尿病患者体内的新药。目前病人必须注射胰岛素来控制病情，而胰岛素是在胰腺的胰岛细胞内生成的一种激素类蛋白质。德赛博士选择老鼠的胰岛细胞进行试验，这种细胞容易获得，但通常只在老鼠体内持续几分钟就被来自免疫系统的抗体破坏。

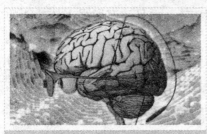

图 76

这里就应用了纳米技术，虽然还相当粗糙。德赛博士将她的老鼠胰腺细胞装进布满纳米孔的膜中，这些纳米孔的直径只有7个纳米，是利用光刻技术获得的。这种技术也应用在计算机芯片上。当血液中的葡萄糖通过纳米孔渗透进来，胰岛细胞会相应地释放胰岛素，7个纳米的毛细孔足以让小分子的葡萄糖和胰岛素通过。但是相对较大的抗体分子却不能通过，因而不会毁坏胰岛细胞。

迄今为止，这种技术还停留在老鼠试验阶段，被植入胶囊的糖尿病老鼠在没有注射胰岛素的情况下活了好几个星期。因此这种装置有可能成为一个成功的纳米医药发明。

纳米孔胶囊也能用做传送稳定剂量的药物，这种情况下毛细孔将担当

十字形转门而不是看门者。由于比药物分子略大，这些细孔将控制药物分子的渗透率，从而保持细胞中的药量恒定，与胶囊内剩余的药量无关。德赛博士将这种胶囊比做一间带门的房子，门的宽度只能一次允许一人通过，房子里空余面积的多少更多地依赖于人们挤过房门有多快，而不是房间有多满。

人造红细胞

我们人类必须时时刻刻地呼吸，因为我们需要空气中的氧气。当我们奔跑的时候，往往会觉得很累，那是因为剧烈运动要消耗很多的氧气，而呼吸又不能马上补充这种消耗，因此造成了我们身体不能得到足够的氧气，氧气不够你就会觉得筋疲力尽。有没有可能让我们总是得到充足的氧气呢？那样我们每个人或许都能成为"跑不死"。科学家正试图利用纳米技术制造一种红细胞（图77），它有望实现我们的愿望。

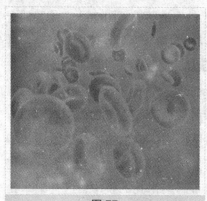

图77

纳米医学不仅具有消除体内坏因素的功能，而且还有增强人体功能的能力。我们知道，脑细胞缺氧6～10分钟即出现坏死，内脏器官缺氧后也会呈现功能衰竭。设想一种装备超小型纳米泵的人造红血球，携氧量是天然红血球的200倍以上。当人的心脏因意外突然停止跳动的时候，医生可以马上将大量的人造红血球注入人体，随即提供生命赖以生存的氧，以维持整个机体的正常生理活动。美国的纳米技术专家初步设计了一种人造红血球，这个血球是个1微米大小的金刚石的氧气容器，内部有1000个大气压。它输送氧的能力是同等体积天然红细胞的236倍。

它可以应用于贫血症的局部治疗、人工呼吸、肺功能丧失和体育运动需要的额外耗氧等。

美国密歇根大学的科学家已经用树形聚合物发明了能够捕获病毒的纳

米方法。体外实验表明纳米陷阱能够在流感病毒感染细胞之前就捕获它们，同样的方法期望用于捕获类似艾滋病病毒等更复杂的病毒。纳米陷阱使用的是超小分子，此分子能够在病毒进入细胞致病前即与病毒结合，使病毒丧失致病的能力。

通俗地讲，人体细胞表面装备着含有某些特定成分的"锁"，只准许持"钥匙"者进入。不幸的是，病毒竟然有"钥匙"。要是能把这个钥匙毁掉的话，病毒就无法攻击细胞了。密歇根大学的科学家正是采用这种想法，他们制造的纳米陷阱实际上也是一个"锁"，病毒携带的"钥匙"也可以插入这个锁，而且一旦插入，就无法拔出来，如此一来病毒的"钥匙"就作废了，无法再感染人体细胞了。

美国桑的亚国家实验室的发现实现了纳米技术爱好者的预言。正像所预想的那样，纳米技术可以在血流中进行巡航探测，及时地发现诸如病毒和细菌等的外来入侵者，并予以歼灭，从而消除传染性疾病。实验室的科研人员做了一个雏形装置，发挥芯片实验室的功能，它可以沿血流流动并跟踪镰刀状红细胞和感染了艾滋病病毒的细胞。

不久前，美国密歇根大学生物纳米技术中心的一群科学家来到了美国陆军犹他州的德格伟试验场。他们此行的目的是为了演示"纳米炸弹"的威力（图78）。这些"纳米炸弹"当然不是什么庞然大物，而是分子大小的颗粒，其粗细约为针头的1/5000。但它能摧毁人类的众多微生物敌人，

图78

图79

包括含有致命性生物病毒的炭疽的孢子。在试验中这种设备的成功率竟然高达100%。作为一种抵御炭疽攻击的潜在武器，它同样具有惊人的民用价值。例如，研究人员只要调整"炸弹"中溶剂、清洁剂和水的比例，就可以为炸弹提供生物编码指令，使它杀死引起流感与疱疹的病毒（图79）。密歇根大学的科研小组现正在研制对目标极具选择性的新型纳米炸弹，它们能够趁大肠杆菌、沙门氏菌或李氏病菌到达大肠之前进行攻击。

纳米生物导弹

人类生病了就要打针吃药，可是进入人体内的药物并不能全部发挥作用，因为药物在循环系统的带动下，分散到了全身的各个部分，并没有集中作用到发生病变的部位。这样人吃下的药物有很多就没有作用。非但如此，多余的药物还会产生毒副作用，造成身体其他功能的损伤。

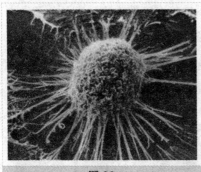

图80

药物学家提出使用"纳米生物导弹"的想法。所谓生物导弹，就是具有识别肿瘤细胞和杀死肿瘤细胞双重功能的药物。它是正在研究中的一种导向型治癌药物。由于它像军事上的导弹，既能识别目标，又能摧毁目标，因此被称为"生物导弹"（图80）。

生物导弹由两种不同功能的分子装配而成。一种是专门识别癌细胞的分子，另一种则是可以杀死癌细胞的药物分子。这两种分子组装在一起，一旦进入体内，便在人体内随血液前进，专门寻找癌细胞进行攻击，而不损伤其他正常细胞。

目前，想做成非常高效的生物导弹还比较困难。科学家想出了另一个办法，从体外给人体施加一个磁场，这样体内的磁性纳米粒子在外加磁场的导向下集中到病变部位。磁性纳米粒子在分离癌细胞和正常细胞方面经动物临床实验已经成功，显示出了引人注目的应用前景，欧美已经利用这一技术来治疗癌症患者。包敷有高分子及蛋白质的磁性纳米粒子载体携带着药物注入人体内，在外加磁场的引导下使其达到病变部位释放药物，从而达到定向治疗的目的，从而减少人体其他健康部位因受药物作用而产生不良反应。动物临床实验表明，以氧化铁为代表的纳米磁性粒子是发展这种治疗方法最有前途的对象。

2000 年，德国柏林医疗中心将铁氧体微型粒子用葡萄糖分子包裹，在水中溶解后注入肿瘤部位，使癌细胞和磁性纳米粒子浓缩在一起，肿瘤部位完全被磁场封闭，通电加热时温度达到47℃，慢慢杀死癌细胞，而周围的正常组织丝毫不受影响。有的科学家用磁性纳米颗粒成功地分离了动物的癌细胞和正常细胞，已在治疗人类骨髓癌的临床实验中获得成功。还有，一些科研人员用纳米药物来阻断血管饿死癌细胞。

我国科技工作者从 1982 年开始从事生物导弹的研究，取得了可喜的进展。他们用丝裂霉毒素与抗肿瘤抗体进行化学连接，其药性比原来的提高 100 多倍，在动物身上进行试验，取得了明显的疗效。用这种生物导弹对肿瘤局部进行注射，可使肿瘤全部消除。生物导弹的奇妙作用，已引起人们的高度重视，期盼在攻克癌症上能起药到病除的作用。这一新药肯定会很快问世，成为癌症病人的救星。这种我国成功研制出的纳米新药，只有 25 纳米长，但它对大肠杆菌、金黄色葡萄球菌等致病微生物有强烈的抑制和杀灭作用（图 81）。用数层纳米粒子包裹的智能药物在进入人体后，可主动搜索并攻击癌细胞或修补受损组织，达到以往药物无法起到的效力。它还具有广谱、亲水、环保等多种性能，即使达到临床使用剂量的 4000 倍以上，受试动物也无中毒表现，且对受损细胞具有修复作用，临床使用效

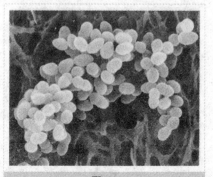

图 81

果显著。

近年来，我国一些科研人员应用生物导弹已治疗了一批肿瘤患者，其中75%的患者收到良好效果，有的患者经治疗后肿瘤几乎消失。其方法一般为静脉注射，连用5～7天。如果有条件，可以进行动脉插管，即将管子插至肿瘤附近的动脉，从插管内一次注入生物导弹。根据临床应用的经验，该方法对很多肿瘤都有较理想的疗效。

科学家设想未来可能制造一种纳米级药物，他们定向识别癌细胞后，会进入细胞的内部，然后引爆自身携带的微量炸药炸毁癌细胞。如果这个想法得以实现，那可真是名副其实的生物导弹。

纳米小神医

美国著名的科幻小说作家艾萨克·阿西莫夫1965年曾经写过一本科幻小说，名字叫《奇妙的航程》。小说中幻想一些科学家把一艘由人操控的潜艇微缩后，让潜艇进入人体进行了一段奇妙的旅行。今天，我们还是没能发明微缩术，可是制造出微小的机器进入人体已经成为科学家研究的目标。

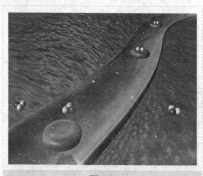

图82

科学家设想这样制造出来的纳米机器人可以在病人的血流中前进，追捕患病细胞，穿透其细胞膜并释放精确定量的药物，随时清除人体中的一切有害物质，激活细胞能量，使人不仅仅保持健康，而且延长寿命。这种机器人还能够从动脉壁上清除脂肪等沉积物（图82）。这不仅会提高动脉壁的弹性，还会使通过动脉的血液流动状况得到改善。血栓会在人体的要害部位阻塞血流，导致重要脏器的损伤。纳米机器人可以在这些血块未堵塞血管、尚处在流动时，把它们打成小碎片，使其对机体的损伤大大降低。纳米机器人还可用来清除创伤和烧伤。它们的大小使它们在清除切割伤等伤口附近的垃圾和异物时变得很有用，在烧伤时也是这样。它们可以从事比常规技术更复杂的工作，造成的损伤却非常的小。纳米机器人可以用来清除人体内的其他微生物。它们很适宜清除一些微小的寄生虫、修复关节、加强骨组织、去除疤痕组织等，看来它真的是神通广大。此外，这种微小的机器人还可以时刻不停地监测我们身体里的各种信息，就好像我们身边始终跟着一个医生一样。

艾滋病是目前医学上的难题，可在未来的某一天，医学科学家把它交给了一种纳米机器人，让这些纳米机器人进入人体的细胞里面，发起全方位的攻击，彻底清除这万恶的病毒，挽救人的生命。人们把它称为"神医"。原因挺简单，医生并没给病人动手术、开药方，而是把这种机器人注入到病人的血液中。这个微型机器人不断在病人的血液中游走，及时地捕捉病毒。结果病人很快痊愈，称纳米机器人为"神医"真是当之无愧。

图 83

试想，不久的将来一位高级工程师患了脑血栓（图83）。医生采用了一种独特的治疗方法：他把一根极其纤细的微型导管先插入病人大腿，然后将其慢慢引向脑血管。微型导管上的诊断激光束如同一位高明而又细心的大夫沿着脑血管仔细地搜索检查。忽然间，诊断激光束发现了在前进的道路上有脑血管瘤等堵塞物，此时微型导管上的气囊立刻自动膨胀起来，迅速将导管固定住，让治疗激光束立刻对堵塞物进行"轰击"清除。治疗效果自然是令人满意的，这也是目前普通药物无法达到的。

以上所描述的情景已不再是什么幻想，而是纳米技术在医学领域中即将成为现实的事情。目前，医学专家正对微型机器人在医疗领域的应用全

前途无量的纳米技术

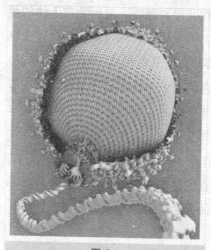

图84

力攻关。20世纪90年代初，当用硅制作的微型马达出现时，各国的医学专家就考虑到它的各种应用。前些年，直径约0.2毫米的微型静电马达乃至直径更小的超微型静电马达就已研制成功（图84），使得用纳米机器人来治疗各种疾病的技术日臻成熟。美国贝尔实验室研制成功的一种微型气轮机，是一种带有旋转叶片的电机。它的体积非常小，看上去只是一个小黑点，只有借助显微镜才能看清它。但由于超微电机实在太小，以至于滞留于其气轮叶片间的物质分子也重到足以引起强大的阻力，从而减缓电机的转速。即使用一个注射器针头轻轻一吹，它也能以每分钟24000转的速度快速旋转起来。

纳米技术与生物仿生学及医学的融合交叉，已取得了一些辉煌的成果，如分子马达的发明，用DNA的密码原理开始研制智能纳米机器人。

纳米技术与生物学的结合将对人类生活产生不可估量的影响。想一想近10年来信息技术的迅速发展，生物科学技术中对基因的认识，产生了转基因生物技术，可以治疗顽症，也可以创造出自然界不存在的生物。信息科学技术使人们可以坐在家中便知天下大事，因特网如同幻梦般地改变了人类的生活方式，就不难想象纳米技术与生物学的结合将怎样改变现代医学和农业的面貌。我们的生活方式正因纳米技术向生物学的渗透而面临着巨大的变革。

"纳米技术有着不可限量的潜力，它甚至会超过计算机或基因技术，成为新世纪的决定性技术。"这是某位著名分析家所说的话。此话的确道出了新世纪科学发展的一个重要趋势。

仿生学是根据生物学原理而进行的，它是生物物理学的一个重要分支。物理学家总是模仿生物的行为制造各种灵巧的机器。飞机是模仿鸟类飞行的产物，照相机是眼睛的仿制品，智能机器人更是当前科学家热衷发展的技术。

当纳米技术向仿生学渗透时，其基本内容就是研制微型机器人，制造一些仅由数千个原子组成的机器人，使它们可以在细胞水平的微小空间内开展工作。

微型机器人的设计是基于分子水平的生物学原理。事实上，细胞本身就是一个活生生的纳米机器，细胞中的每一个酶分子也就是一个个活生生的纳米机器人。

蛋白分子构象的变化使酶分子中不同结构域的动作就像微型机器人在移动和重新安排有关分子中的原子排列顺序。细胞中的很多结构单元都是执行某种功能的微型机器：核糖体是按照基因密码的指令安排氨基酸顺序制造蛋白质分子的加工器（图85）；加工好的蛋白质可以按照信号肽的指令由膜囊泡运送到确定的部位发挥功能；完成了功能使命的蛋白质还会被贴上标签，送去水解成氨基酸以备再用。细胞的生命过程就是一批又一批的功能相关的蛋白质组群不断替换、更新行使功能的过程，这些生命过程所需的一切能量来自太阳。植物叶子中的叶绿体是把太阳能转化成化学能从而制造粮食的加工厂；线粒体是把能量物质中储存的太阳能释放出

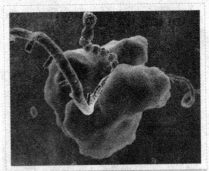

图85

来从而制造能量 ATP（直接为生命提供能量的分子）的车间；我们每人每天都要消耗相当多的 ATP 分子，来维持生命活动和繁忙的工作。细胞中发生的所有这一切都是按照 DNA 分子中的基因密码序列的指令井然有序地进行的。

瑞典已经开始制造微型医用机器人。据报道，这种机器人由多层聚合物和黄金制成，外表类似人的手臂，其肘部和腕部很灵活，有 2～4 个手指，实验已进入能让机器人捡起和移动肉眼看不见的玻璃珠的阶段。科学家希望这种微型医用机器人能在血液、尿液和细胞介质中工作，捕捉和移动单个细胞，成为微型手术器械（图86）。

图 86

纳米技术与仿生学的结合可以使生物物理学家仿照生命过程的各个环节制造出各种各样的微型机器人。可以预料，直接利用太阳能制造食物的机器很可能将很快出现；利用纳米技术可以制造在血管中游走的机器人，以便专门清除血管壁上沉积物，减少心血管疾病的发病率；利用纳米技术还可以制造能进入组织间隙专门清除癌细胞的机器人，所有这些都已不再是天方夜谭。

在小型化方面，科学家不仅造出了像微生物那样大的精巧装置，而且还使这些装置能够运动。

美国国家航空航天局资助的研究人员最近启动了一个项目，目的是把这个纳米机器人真的变为现实。如果项目成功，这艘由科学家开发的"船"将被称为"纳米微粒"或"纳米胶囊"（图87）。

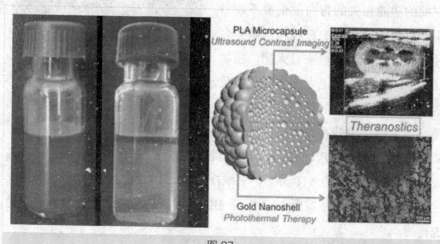

图 87

当研究人员的主要注意力都集中在太空应用时，纳米微粒也拥有了在医学（特别是治疗癌症）等领域的潜在价值。把治疗肿瘤的药物直接导入癌细胞的迫切需要已经在医学领域掀起了对纳米微粒的广泛兴趣，因为这能避免化疗的副作用。这些纳米微粒的作用表面上是引入了一种新的治疗方法，实际上是进入一个个单独的细胞并将其修复，如果细胞的损害过于严重，就干脆杀死这些细胞。

他们研制的项目将集中在与癌症有关的问题上——尤其在飞往月球或火星的旅途中（图88），飞船脱离了围绕地球的由巨大磁场构成的保护伞，宇航员在太空中会受到高剂量辐射，这可能引发癌症。

图88

甚至在宇宙飞船上使用的防辐射的先进材料也不能将宇航员与太空中的高能辐射完全隔离开来。这些高能宇宙射线像极细小的子弹一样能穿透宇航员的身体，处于其飞行轨迹上的分子会被击碎。一旦细胞内DNA因辐射而损坏，细胞就不能正常地行使功能，有时会癌变。这是一个重要的问题，如果人类要在太空中生活，我们就必须知道如何才能更好地使他们免受辐射之害。

因为独立的防护也许并不能解决问题，科学家必须找到某种使宇航员自身能抵抗辐射危害的方法。纳米微粒是最佳的解决方案。这些运药小船的长度仅有几百纳米，比细菌小得多，甚至比可见光的波长还要短。用一只皮下注射针头进行的简单注射就能把成千乃至上百万的这种小船注入人体血流中。一旦进入血流，纳米微粒能比人体内的普通细胞信号系统更有效地找到被辐射损坏的细胞。

图89

细胞被辐射损坏时，它们会在特定种类的蛋白质上产生一个标记，这标记会体现在细胞的外表面上。细胞就这样告诉其他细胞说："嗨，我受伤了。"通过向纳米微粒的外表面植入可以识别细胞标记的分子，科学家能够为纳米微粒"制定任务"使其找出那些受辐射损害的细胞（图89）。

如果辐射造成的损伤很严重，纳米微粒会进入受损细胞并释放一种酶使细胞"自动破坏 DNA 序列"。或者，它们能释放 DNA 修复酶以尝试修理细胞，使其恢复正常功能。

　　如果这种纳米微粒研究成功，那么人类在太空中就不怕各种射线的辐射了，移民太空也将成为可能。

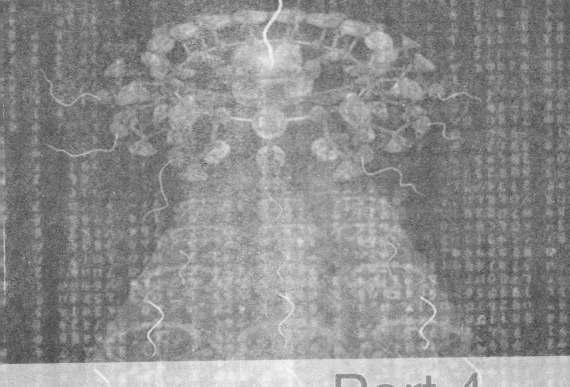

Part 4
纳米电脑

　　纳米计算机是指将纳米技术运用于计算机领域所研制出的一种新型计算机。"纳米"本是一个计量单位，采用纳米技术生产芯片成本十分低廉，因为它既不需要建设超洁净的生产车间，也不需要昂贵的实验设备和庞大的生产队伍。只要在实验室里将设计好的分子合在一起，就可以造出芯片，并大大降低了生产成本。

前途无量的纳米技术

"过时"了的摩尔定律

1965 年，年轻的科学家、美国仙童半导体公司研究部主任戈登·摩尔大胆预言：电脑芯片中含有的电子元件的数目将以极快的速度增加。摩尔认为，新技术新工艺将不断提高芯片的集成密度和运行速度，大约每隔 18

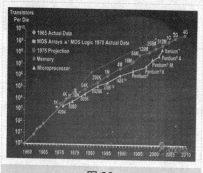

图 90

个月，芯片中晶体管的集成数将翻一番，微处理器的速度将提高一倍。摩尔预测的芯片内晶体管数量增长的规律，后来被人们奉之为"摩尔定律"（图90）。

当时，戈登·摩尔的预测真是不可思议，而且听起来近乎妄言，因此并没有引起大家太多的注意。随着岁月的流逝，电子工业的发展反复印证了摩尔预言是正确的，甚至可以说是非常准确的。在芯片的发展历程中，1965 年，世界上最复杂的芯片可以集成 64 个晶体管（图 91），1969 年的 4004 芯片发展到 2300 个，1982 年的80286 发展到 10 万个，1993 年的奔腾芯片增长到 300 万个，1999 年的奔腾三代已经增长到了 950 万个。不可否认的是，摩尔定律不仅正确地预测了芯片的发展速度和运行速度，而且无形中对世界电子工业的飞速发展起到了不可磨灭的鼓舞和推动作用。

摩尔定律提出之时，有些科学家

图 91

对摩尔定律产生过怀疑，但是，在芯片的发展历程中，他们的怀疑却一再被事实所否定以至于显得有些自讨没趣。现在，摩尔定律早已被世界电子业界奉为金科玉律。人们对摩尔定律今后是否继续灵验保持沉默，倒是摩尔自己站出来发言了。1995 年，在一次国际性学术会议上，摩尔先生在回顾了芯片发展的历史后认为，摩尔定律是否继续灵验值得怀疑。

摩尔认为，微处理器芯片如果要继续保持摩尔定律所定的速度发展（图92），实践中将会遇到许多的困难和技术问题，而最主要的问题是制造高性能芯片的投入成本将会大幅增加。摩尔的理由是，芯片的制造工艺已经

图 92

变得越来越复杂，其制造费用也越来越昂贵。摩尔说得不无道理，以英特尔公司为例，1968 年公司刚创建时，制造芯片所投入的全部设备总价值仅为 1 万美元左右，而目前英特尔公司每投入一种新型芯片的主产设备，其投资额都达 15 亿~ 30 亿美元，而 5 年后将达到 50 亿美元，制造商的资金投入正在以比收入回报快得多的速度增长，技术前进的步伐正在受到高额投入的限制。摩尔认为，在未来的 10 年内，翻一番的速度会下降，可能会慢一半左右，翻一番的时间将会是 3 年而不是 18 个月，看来摩尔自己在判摩尔定律的"死刑"！

初听起来，摩尔的说法使人觉得有些不着边际，但是我们不要忘了，

1965 年摩尔定律刚提出来时，不也是使当时的人们觉得不着边际吗？再过若干年，历史会不会再次证明摩尔的观点？

在高新技术领域，新产品开发的高成本、工厂设施天文数字般的巨额投资，会使多数大公司不愿意也不可能加入芯片生产的竞争。不仅如此，许多技术上的难题也日益显现出来。美国半导体工业协会多年来一直是对摩尔定律的前景持乐观态度的，但现在似乎也变得谨慎起来。他们不得不承认，目前新型的芯片里密密麻麻排列的晶体管之间的距离，已经小到180 纳米。按照摩尔定律进行推算，到 2005 年，将减小到 100 纳米，要达到这样的排列密度，必须尽快解决传统技术、传统材料难以逾越的难题。英特尔公司的研究人员也认为，如果在技术上不能迅速找到可行的解决方案，那么，摩尔定律的命运将是在劫难逃。当然，我们也可以听到不同的声音，2000 年 10 月 11 日，IBM 公司的一位副董事长乐观地宣称，摩尔定律至少在今后 10 年内光彩依旧，其理由是技术难题完全可以被攻克。

看来，摩尔定律是否能一如既往地光彩照人，将取决于两个方面：一是巨额投入的增加与投资回报比率减少的反差问题能否得到解决，搬掉投资方面的绊脚石；二是专家们是否能研究开发出更多、更有效的新工艺、新设备和新材料，打掉技术上的拦路虎。

21 世纪，神话一样灵验了几十年的摩尔定律，正在经历一次里程碑式的"生死考验"，纳米技术能否挽救摩尔定律呢？

制造纳米芯片

2002 年 7 月，曾在几年前宣布摩尔定律死刑的这一定律的创始人戈登·摩尔接受了记者的采访。不过，这次他表现得很乐观，他表示："芯片上晶体管数量每 18 个月增加一倍的速度虽然目前呈下降趋势，但随着

前途无量的纳米技术

纳米技术的发展，未来摩尔定律依然
会继续生效。"看来，摩尔本人也把
希望放到了纳米技术上。下面就让我
们来看看纳米技术怎样制造纳米芯片
（图93）。

我们知道目前的计算机芯片是用
半导体材料做的。20世纪可以说是半
导体的世纪，也可以说是微电子的世
纪，微电子技术是指在半导体单晶材

图93

料（目前主要是硅单晶）薄片上，利用微米和亚微米精细结构技术，研制
由成千上万个晶体管和电子元件构成的微缩电子电路（称为芯片），并由
不同功能的芯片组装成各种微电子仪器、仪表和计算机。芯片可以看做是
集成电路块。集成电路块从小规模向大规模发展的历程，可以看做是一个
不断向微型化发展的过程。20世纪50年代末发展起来的小规模集成电路，
集成度（一个芯片包含的元件数）为10个元件；20世纪60年代发展成中
规模集成电路，集成度为1000个元件；20世纪70年代又发展了大规模集
成电路，集成度达到10万个元件；20世纪末更发展了特大规模集成电路，
集成度超过100万个元件。1988年，美国国际商用机器公司（IBM）已研
制成功存储容量达64兆的动态随机存储器，集成电路的条宽只有0.35微米。
目前实验室研制的新产品为0.25微米，并向0.1微米进军。到2001年已

图94

降到0.1微米，即100纳米。这是电子
技术史上的第四次重大突破。今天，
芯片的集成度已进一步提高到1000万
个元件。集成电路的条宽再缩小，将
出现一系列物理效应，从而限制了微
电子技术的发展。为了解决这个挑战，
已经提出纳米电子学的概念。这一现
象说明了：随着集成电路集成度的提
高，芯片中条宽越来越小，因此对制

作集成电路的单晶硅材料的质量要求越来越高（图94），哪怕是一粒灰尘也可能毁掉一个甚至几个晶体管，这也是为什么摩尔本人几年前宣判摩尔定律"死刑"的原因。

据有关专家预测，在21世纪，人类将开发出微处理芯片与活细胞相结合的电脑。这种电脑的核心元件就是纳米芯片。芯片是电脑的关键器件。随着生命科学和材料科学的发展，科学家们正在开发生物芯片，包括蛋白质芯片及DNA芯片。

蛋白质芯片，是用蛋白质分子等生物材料，通过特殊的工艺制备成超薄膜组织的积层结构。例如把蛋白质制备成适当浓度的液体，使之在水面展开形成单分子层膜，再将其放在石英层上，以同样方法再制备一层有机

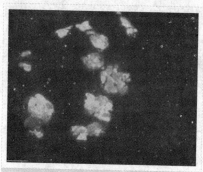

图95

薄膜，即可得到80～480纳米厚的生物薄膜。这种薄膜由两种有机物薄膜组成。当一种薄膜受紫外光照射时（图95），电阻上升约40%左右，而用可见光照射时，又恢复原状。而另一种薄膜则不受可见光影响，但它受到紫外光照射时，电阻便减少6%左右。据介绍，日本三菱电机公司把两种生物材料组合在一起，制成了可以光控的新型开关器件。这种薄膜为进一步开发生物电子元件奠定了实验基础，并创造了良好的条件。

这种蛋白质芯片，体积小、元件密度高，据测每平方厘米可达10^{15}～10^{16}个，比硅芯片集成电路高上万倍，表明这种芯片制成的装置其运行速度要比目前的集成电路快得多。由于这种芯片是由蛋白质分子组成的，在一定程度上具有自我修复能力，即成为一部活体机器，因此可以直接与生物体结合，如与大脑、神经系统有机地连接起来，可以扩展脑的延伸。有人设想，将蛋白质芯片植入大脑，将会出现奇迹。如视觉先天缺陷或后天损伤可以得到修复，使之重见光明等。

虽然目前生产与装配上述分子元件还处于探索阶段，而且大量蛋白质等生物材料不能直接成为分子元件，必须在分子水平上进行加工处理，这

有很大难度，但前途是光明的。据介绍，日本已制订了开发生物芯片的10年计划，政府计划投入100亿日元做各项研究。世界上一些大公司，如日立、夏普等都看好生物芯片的前景，十分重视这项研究工作。

人的大脑约有140亿个神经细胞，掌管着思维、感觉及全身的活动。虽然电脑已面世多年，但其精细程度和人脑相比，仍然差一大截。为了使电脑早日具有人脑的功能和效率，科学家近年致力研究开发人工智能电脑，并已取得不少进展。人工智能电脑是以生物芯片为基础的。生物芯片有多种，血红蛋白集成电路就是新型的生物芯片之一。

美国生物化学家詹姆士·麦克阿瑟，首先构想把生物技术与电子技术结合起来。他根据电脑的二进制工作原理，发现血红蛋白也具有类似"开"和"关"的双稳态特性。当改变血红蛋白携带的电荷时，它会出现上述两种变化，这就有可能利用生物的血红蛋白构成像硅电子电路那样的逻辑电

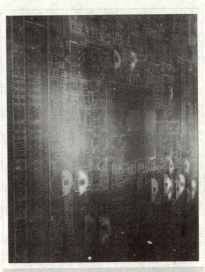

图96

路。麦克阿瑟首先利用生物工程的重组 DNA 技术，制成了血红蛋白"生物集成电路"（图96），使研制"人造脑袋"取得了突破性进展。此后，生物集成电路的研究便逐步展开。美国科学家在硅晶片上重组活细胞组织获得成功。它具有硅晶片的强度，又有生物分子活细胞那样的灵活和智能。

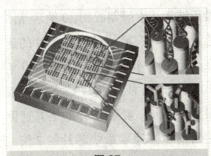

图97

德国科学家所研制成的聚赖氢酸立体生物晶片，在1立方毫米晶片上可含100亿个数据点，运算速度更达到10皮秒（一千亿分之一秒），比现有的电脑快近100万倍。

DNA 芯片又称基因芯片（图97），DNA 是人类的生命遗传物质脱

氧核糖核酸的简称。因为 DNA 分子链是以 ATGC（A–T、G–C）为配对原则的，它采用一种叫做"在位组合合成化学"和微电子芯片的光刻技术或者用其他方法，将大量特定顺序的 DNA 片段，有序地固化在玻璃或者硅片上，从而构成储存有大量生命信息的 DNA 芯片。DNA 芯片是近年来在高新科技领域出现的具有时代特征的重大技术创新。

每一个 DNA 就是一个微处理器。DNA 计算速度是超高速的，理论上计算，它的运算速度每小时可达 10^{15} 次，是硅芯片运算速度的 1000 倍。而且，DNA 的存储量是很大的，每克 DNA 可以储存上亿个光盘的信息。不过，目前的主要难点是解决 DNA 的数据输出问题。

DNA 芯片有可能将人类的全部约 8 万个基因集约化地固定在 1 平方厘米的芯片上。在与待测样品的 DNA 配对后，DNA 芯片即可检测出大量相应的生命信息。例如寻找基因与癌症、传染病、常见病和遗传疾病的关系，进一步研究相应药物。目前已知有 6000 多种遗传病与基因相关，还有环境对人体的影响，例如花粉过敏和对环境污染的反应等都与基因有关。已知有 200 多个与环境影响相关的基因，对这些基因的全面监测，对生态、环境控制及人类健康均有重要意义。

DNA 芯片技术既是人类基因组研究的重要应用课题，又是功能基因研究的崭新手段。例如单核苷酸的多态性，是非常重要的生命现象，科学家认为，人体的多样性和个性取决于基因的差异，正是这种单核苷酸多态性的表现，如人的体形、长相与 500 多个基因相关。通过 DNA 芯片，原则上可以断定人的特征，甚至脸形、长相、外貌特点、生长发育差异等。

"芯片巨人"英特尔公司于 2000 年 12 月公布（图 98），英特尔公司用最新纳米技术研制成功 30 纳米晶体管芯片。这一突破将使电脑芯片的速度在今后 5 ~ 10 年内提高到 2000 年的 10 倍，同时使硅芯片技术向物理极限更近一步。新型芯片的运算速度已达目前运算速度最快芯片的 7 倍。它能在子弹飞行 30 厘米的时间内运算

图 98

2000万次，或在子弹飞行25毫米的时间内运算200万次。晶体管门是计算机芯片进行运算的开关，新芯片是以3个原子厚度的晶体管门为基础，比目前计算机使用的180纳米晶体管薄很多。要制造这种芯片的障碍是控制它产生的热量。芯片的运行速度越快，产生的热量就越多。过多的热量会使制造计算机芯片所用的材料受到损坏。英特尔公司经过了长期的研究，解决了这一问题。这种原子级晶体管是用新的化学合成物制成的，这种新材料可以使芯片在运行时温度不会过高。这种芯片的出现将为研制模拟以人的方式，可以和人进行交流的电脑创造条件。英特尔公司说，他们开发出的这种迄今世界上最小最快的晶体管，厚度仅为30纳米。这将使英特尔公司可以在未来5～10年内生产出集成有4亿个晶体管、运行速度为每秒10亿次，工作电压在1伏以下的新型芯片。而目前市场上出售的速度最快的芯片"奔腾4代"集成了4200万个晶体管。英特尔公司称，用这种新处理器制造的产品最早将在2005年以后投放市场。

英特尔公司的一位工程师说："30纳米晶体管的研制成功使我们对硅的物理极限有了新看法。硅也许还可以使用15年，此后会有什么材料取代硅，那是谁也说不准的事。"他又说："更小的晶体管意味着更快的速度，而运行速度更快的晶体管是构筑高速电脑芯片的核心模块，电脑芯片则是电脑的'大脑'。"英特尔公司预测，利用30纳米晶体管设计出的电脑芯片可以使"万能翻译器"成为现实。比如说英语的人到中国旅游，就可以通过随身携带的翻译器，将英语实时翻译成中文，在机场、旅馆或商店不会有语言障碍。在安全设施方面，这种芯片可以使警报系统识别人的面孔。此外，将来用几千元人民币就可以买一台高速台式电脑，其运算能力可以跟现在价值上千万元的大型主机媲美。

单位面积上晶体管的个数是电脑芯片集成度的标志，晶体管数量越多，说明集成度越高，而集成度越高，处理速度就越快。30纳米晶体管将开始用在0.07微米技术产品上，1993年的

图99

"奔腾"处理器使用的是 0.35 微米技术（图 99）。在芯片上"刻画"电路，0.07 微米技术用的是超紫外线光刻技术，比 2001 年最先进的深紫外线光刻技术更为先进。如果在纸上画线，深紫外线光刻使用的是钝铅笔，而超紫外线光刻使用的是削尖了的铅笔（图 100）。

图 100

晶体管越来越小的好处主要有两方面：一是可以用较低的成本提高现有产品的性能；二是工程师可以设计原来不可能的新产品。这两个好处正是推动半导体技术发展的动力，因为企业提高了利润，就有可能在研发上投入更多。看来，纳米技术的确可以延长摩尔定律的寿命，这也正是摩尔本人和众多技术人员把目光放到纳米技术之上的原因所在。

纳米超级电脑

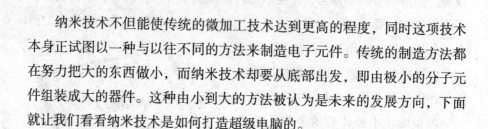

纳米技术不但能使传统的微加工技术达到更高的程度，同时这项技术本身正试图以一种与以往不同的方法来制造电子元件。传统的制造方法都在努力把大的东西做小，而纳米技术却要从底部出发，即由极小的分子元件组装成大的器件。这种由小到大的方法被认为是未来的发展方向，下面就让我们看看纳米技术是如何打造超级电脑的。

分子计算机

现代的电子计算机（图 101）是根据二进制的原理制造的，就是说计算机内所有的数据指令都是以二进制表达的。

什么是二进制呢？我们通常使用的计数方式是十进制，用的是0～9这10个数字来表示数的大小，而二进制只用0和1这两个数字来表示数。大家知道这个就可以了，以后有机会还可以学到更多关于二进制的问题。二进制数用在计算机中进行加减乘除的运算非常方便。一个晶体管可以用

图 101

两种状态，即打开和关闭，用打开状态代表1，用关闭状态代表0。分子中的化学键也可以有链接和断开两种状态。可不可以利用分子中化学键的开和关制造分子大小的开关，进而制造计算机呢？

美国加利福尼亚大学洛杉矶分校的科学家就发明了一种新型分子开关，使分子计算机又向前迈进了一步。这一发明被选为"2000年世界十大科技进展"之一。

据报道，这种分子开关非常的细，以一种叫套环烃的物质为基础制成。它包括衔接在一起的两个小环，每个小环由原子连接而成。这两个小环以互锁的方式衔接，类似于一小段链条。每个小环上都有两个叫做"识别位置"的结构，它们能够相互发生电化学作用。

现有的计算机基于二进位制，以晶体管的开和关状态来表示二进制的0和1。分子开关则有特殊的开和关状态。当一个电脉冲通过套环烃分子时，其中一个环失去一个电子并绕另一个环转动，这时分子开关处于"开"状态。失去电子的环重新得到原来的电子，则使开关处于"关"状态。套环烃开关能够反复被打开和关闭，且能在常温和固态下工作。实现分子开关的"开"和"关"状态，相当于制造出了用于电子计算机的最简单的逻辑门。逻辑门是现有计算机中央处理器工作的基础。

接下来，科学家们还需要研制出合适的导线将分子开关连接起来，并通过整体设计将其开发成计算机元件。他们认为纳米碳管有可能是理想的导线材料。

领导该项研究的科学家詹姆斯·希斯认为，将来的分子芯片有可能可

以做到只有尘埃或沙粒那么大。由这种芯片制成的计算机有可能被编织到衣服里。

2001年7月，一群惠普公司和洛杉矶加州大学的研究人员在报告中说，他们已成功制造了厚度仅相当于一粒分子的初步电路逻辑闸。而目前，其他小组如耶鲁大学和里斯大学的研究者们也准备宣布他们已成功制造了这种分子电路的其他基本计算部件。据他们说：他们已迈出重要的一步，超过了惠普和洛杉矶加州大学的研究者们。

在7月的示范中，那个分子闸可移入"开"或"关"的位置，但不能返回原位。但是耶鲁和里斯大学的研究小组说，他们能够控制分子闸的开关，这是表述0和1的必要步骤。惠普实验室的科学家说他们在制造宽度少于12个原子的传导电线组中迈出了重要的一步，这是把分子开关连结起来的决定性步骤，有朝一日，它可使电脑的运算速度比现在快许多倍。

据悉，某些在高度保密环境下工作的实验室，正在其他方面取得进展。其中一个实验室正在研制一种分子装置，它可随机存取数据。

如果成功制造出分子记忆装置，将来只需花费几美元，就可获得巨大的贮存容量。一项近期可实施的应用方式，可能是把整部具有数码影碟质量的电影，储存在一个比普遍半导体芯片还小很多的空间里。在2～5年内，将会看到具有实用功效并投入运作的电路。

分子计算机运行所需的电力比现有计算机大大减少，这将使它的功效达到目前硅芯片计算机的百万倍。而且，分子计算机能够安全保存大量数据，使用它的用户可不必进行文件删除工作也能保持可以用空间。

图 102

此外，分子计算机还有希望免受计算机病毒（图102）、系统崩溃和碰撞等故障的影响。

光子计算机

1990 年，美国的贝尔实验室推出了一台由激光器、透镜、反射镜等组成的电脑。这就是光子计算机的雏形。光子计算机又叫光脑（图 103）。电脑是靠电荷在线路中的流动来处理信息的，而光脑则是靠激光束进入由反射镜和透镜组成的阵列来对信息进行处理的。与电脑相似的是，光脑也靠产生一系列逻辑操作来处理和解决问题。

电脑的功率取决于其组成部件的运行速度和排列密度，光子在这两个方面都很理想。光子的速度即光速，

图 103

为每秒 30 万千米，是宇宙中最快的速度，激光束对信息的处理速度可达现有半导体硅器件的 1000 倍。光子不像电子那样需要在导线中传播，即使在光线相交时，它们之间也不会相互影响，并且在不满足干涉的条件下也互不干涉。光束的这种互不干涉的特性，使得光脑能够在极小的空间内开辟很多平行的信息通道，密度大得惊人。一块截面为 5 分硬币大小的棱镜，其通过能力超过全球现有电话电缆的许多倍。贝尔实验室研制成功的光学转换器，在印刷字母 0 中可以装入 2000 个信息通道。因此，电子工程师们早就设想在电脑中使用光子了。

光脑的许多关键技术，如光存储技术、光互联技术、光电子集成电路等目前都已获得突破。光脑的应用将使信息技术发展产生飞跃。

生物计算机

电脑的性能是由元件与元件之间电流启闭的开关速度来决定的。科学家发现，蛋白质有开关特性，用蛋白质分子做元件制成的集成电路，称为生物芯片。使用生物芯片的计算机称为生物计算机（图 104）。已经研制出利用蛋白质团来制造的开关装置有：合成蛋白质芯片、遗传生成芯片、红血素芯片等。

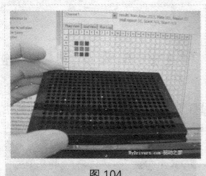

图 104

用蛋白质制造的电脑芯片，在 1 平方微米面积上可容纳数亿个电路。因为它的一个存储点只有一个分子大小，所以存储容量可达到普通电脑的 10 亿倍。蛋白质构成的集成电路大小只相当于硅片集成电路的 10 万分之一，而且运转速度更快，只有 10～11 秒，大大超过人脑的思维速度；生物电脑元件的密度比大脑神经元的密度高 100 万倍，传递信息速度也比人脑思维速度快。

生物芯片传递信息时阻抗小，耗能低，而且具有生物的特点，具有自我组织和自我修复的功能。它可以与人体及人脑结合起来，听从人脑指挥，从人体中吸收营养。把生物芯片植入人的脑内，可以使盲人复明，使人脑的记忆力成千上万倍地提高；若是植入血管中，则可以监视人体内的化学变化，预防各种疾病的发生。

美国已研究出可以用于生物电脑的分子电路，它由有机物质的分子组成，只有现代电脑电路的千分之一大小。

生物电子技术是巧妙地将生物技术与电子技术融合在一起而产生的一种新技术。它利用微电子技术及生物技术，使 DNA 分子之间可以在某种酶的作用下瞬间完成生物化学反应，从一种基因代码变成另一种基因代码。反应前的基因代码可作为输入数据，反应后的基因代码可以作为运算结果。如果控制得当，那么就可以利用这种过程制成一种新型电脑。DNA 电脑运算速度快，它几天的运算量就相当于目前世界上所有计算机问世以来的总运算量。此外，它的存储

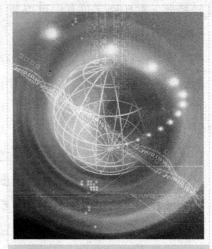

图 105

容量非常大，超过目前所有计算机的存储容量。再有，DNA 电脑所耗的能量极低（图 105），只有一台普通电脑的十亿分之一。

生物电脑是人们多年来的期望。有了它可以实现现有电脑无法实现的模糊推理功能和神经网络（图 106）运算功能，是智能计算机的突破口之一。

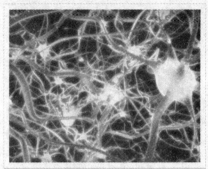

图 106

一些科学家认为，这种新型电脑将很快取得实质性进展。

量子计算机

2000 年，IBM 公司宣布研制出利用 5 个原子作为处理器和存储器的量子计算机，即量子电脑。

按摩尔定律，电脑处理器正在变得越来越小，其功能则正在变得越来越强。但是，目前的处理器制造方式预料会在今后 10 年左右达到极限。现在使用的平版印刷技术无法制造出分子大小的微器件，这促使研究人员尝试利用基因链或通过开发其他微型技术来制造电脑。

量子计算机是一种基于原子所具有的神秘量子物理特性的装置，这些特性使得原子能够通过相互作用起到电脑处理器和存储器的作用。量子计算机的基本元件就是原子和分子。IBM 的这台量子计算机被认为是朝着具有超高速运算能力的新一代计算装置迈出的新的一步。它可以用于诸如数据库超高速搜索等方面，还可以用于密码技术上，即密码的编制和破译。IBM 公司利用这台量子电脑样机解决了密码技术中的一个典型的数学问题，即求解函数的周期。它可以一次性地解决这一问题的任何例题，而常规电脑需要重复数次才能解决这样的问题。

微电子技术面临挑战，但传统的制造业在挑战面前并不气馁，仍在不断地探索解决问题的新途径。美国电话电报公司的贝尔研究室于 1988 年研制成功了隧道三极管（图 107）。这种新型电子器件的基本原理是在两个半导体之间形成一层很薄的绝缘体，其厚度为 1 ~ 10 纳米，此时电子

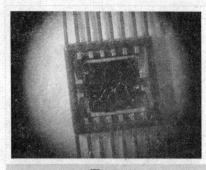

图 107

会有一定的概率穿越绝缘层。这就是量子隧道效应。一层超薄的绝缘层好像是大山底下的一条隧道，电子可以顺利地从山的这边穿到山的那边。由于巧妙地应用了量子隧道效应，所以器件的尺寸比目前的集成电路小 100 倍，而运算速度提高 1000 倍，功率损耗只有传统晶体管的千分之一。显然，体积小，速度快，功耗低的崭新器件，对超越集成电路的物理限制具有重大意义。随着研究工作的深入发展，近年科学家已研制成功单电子晶体管，只要控制单个电子就可以完成特定的功能。

在过去短短的几十年中，硅芯片走过一条高速成长之路。30 纳米晶体管技术将使硅芯片可以容纳 4 亿个晶体管。但这种增长不可能永远持续下去。因为，硅芯片将很快走向终结。谁会成为传统的硅芯片电脑的终结者？目前科学家看好光电脑、生物电脑和量子电脑，其中又以量子电脑的呼声最高（图 108）。

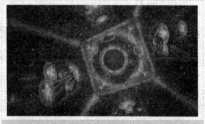

图 108

光电脑利用光子取代电子进行运算和存储，它用不同波长的光代表不同数据，可快速完成复杂计算。然而要想制造光电脑，需要开发出可用一条光束控制另一条光束变化的光学晶体管。现有的光学晶体管庞大而笨拙，用其制造台式电脑，将有一辆汽车那么大，因此，光电脑短期内进入实用阶段很难。

DNA（脱氧核糖核酸）电脑是美国南加州大学阿德勒曼博士 1994 年提出的奇思妙想，他提出通过控制 DNA 分子间的生化反应来完成运算。

DNA 是生物遗传的物质基础，它通过 4 种核苷酸的排列组合存储生物遗传信息。将运算信息排列于 DNA 上，并通过特定 DNA 片段之间的相互作用来得出运算结果，是 DNA 计算机工作的主要原理。

阿德勒曼教授是 DNA 计算机研究领域的先驱。他于 1994 年在实验中演示，DNA 计算机可以解决著名的"推销员问题"，首次论证了这种计算技术的可行性。"推销员问题"用数学语言来说，是求得在 7 个城市间寻找最短的路线，这一问题相对简单，心算就可以给出答案。

但这次阿德勒曼教授用 DNA 计算机演示的新问题难度就大多了，靠人脑的计算能力基本无法处理，这个问题可以形象化地表述如下：假设你走进一个有 100 万辆汽车的车行，想买一辆称心的车。你向销售员提出了一大堆条件，如"想买一辆 4 座和自动档的"，"敞篷和天蓝色的"，"宝马车"（图 109）等等，加起来多达 24 项。在整个车行中，能满足你所有条件的车只有一辆。从理论上说，销售员必须一辆辆费劲地找。传统的电子计算机采用的就是这种串行计算的办法来求解。

图 109

阿德勒曼等设计的 DNA 计算机则对这一问题进行了并行处理。他们首先利用 DNA 片段编码了 100 万种可能的答案，然后将其逐一通过不同容器，每个容器都放入了代表 24 个限制条件之一的 DNA。每通过一个容器，满足特定限制条件的 DNA 分子经反应后被留下，并进入下一个容器继续接受其他限制条件的检验，不满足的则被排除出去。

从解决这个问题的过程中可以看出，理论上，DNA 计算机的运算策略和速度将优于传统的电子计算机。阿德勒曼教授说，虽然他们的新实验进一步提高了 DNA 计算机模型的运算能力，但总的来说，DNA 计算机错误率还是太高；要真正超越电子计算机，还需要在 DNA 大分子操纵技术等方面有大的突破。而且目前流行的 DNA 计算技术都必须将 DNA 溶于试管液体中。这种电脑由一堆装着有机液体的试管组成，神奇归神奇，却也很笨拙。这一问题得不到解决，DNA 电脑在可以预见的未来将难以取代硅芯片电脑。与前两者相比，量子电脑的前景似乎更为光明。一些科学家预言，量子电脑将从新一代电脑研制热潮中脱颖而出。

中国科技大学量子电脑研究专家也提出了与此类似的观点，将量子形容为一种"玄而又玄"的东西，提出了一个比喻：如果一只老鼠准备绕过一只猫，根据经典物理理论，它要么从左边、要么从右边穿过。而根据量子理论，它可以同时从猫的左边和右边穿过。量子这种常人难以理解的特性使得具有5000个量子位的量子电脑，可在约30秒内解决传统超级电脑要100亿年才能解决的大数因子分解问题。由于意识到量子电脑问世后将对电脑及网络安全构成巨大冲击，美国科研机构正在密切关注量子电脑的进展。不少国家从国家利益出发，正在量子电脑研究领域展开激烈的角逐。

量子电脑虽然威力无比，妙不可言，但要真正为人类造福还需耐心期待。由于量子电脑的原理与构造和传统计算机截然不同，科学家的研制工作几乎是从零开始，十分艰难。而量子电脑运行时所需的绝对低温、原子测控等苛刻条件更使这种"魔法"般玄妙的神物目前不可能像个人电脑机一样走入寻常百姓家。但人们也不必失望，几十年以后，当量子电脑走出实验室，真正可以实际应用时，普通人完全可以通过互联网访问远程的量子主机，指挥它干这干那，共享这项神奇的发明。

可以预料，虽然量子电脑距离实用化还有很长的一段路要走，但它取代硅芯片电脑可能只是时间问题。

纳米与人机连接

穿着笔挺的黑西装（图120），体内有着通过手术植入的硅芯片，这或许是许多电脑科幻迷心中常有的一种浪漫的想象。这些信息时代的弄潮儿勇敢地面对新技术的出现，相信纳米科技的发展会很快实现他们这一愿望。

科学家在研究DNA的特性时发现：这些特性不仅能用于储存信息，还能用于构成电脑集成电路的其他部件。其中一种特性就是自组装，即互补的 DNA 分子能够识别并在溶液中结合在一起。此外，DNA 链也许还能像微小的线路一样导电。英国剑桥大学的贾尔斯·戴维斯说："也许我们能用选择性自组装和分子识别来制造 DNA 电路。"戴维斯即将开始一项研究：研究不同化学顺序的 DNA 链导电能力。

利用生物分子技术来开发新式电脑技术的一个意义在于：生物分子装置会比硅装置更能与人体相容。很容易想像，以 DNA 为基础的植入物能够根据患者的身体状况释放某种药物。

图 120

科幻小说中描述的向大脑植入以 DNA 为基础的人工智能虽然看似遥远，但也未必无法实现。正如人类基因组提醒我们的，遗传化学物质 DNA 具有令人生畏的信息存贮能力——我们体内每一个细胞的小小细胞核中包含着构成整个人体的编码指令。电脑科学家正在仿效自然，用 DNA 技术建立一种完整的信息技术形式。

美国《时代》周刊以前刊文认为（图 121），在不久的将来，将电脑植入人脑在技术上不成问题。电脑的硬件，有可能变成类似我们人体的某些东西；而我们人体也有可能变得越来越类似于电脑硬件。在这两个变化中，前者比后者要快得多。医学界认为这至少可为那些不管是先天还是后天的残疾人服务。如果谁失去了双眼，就可以通过施行某种手术，把一个视频仪连接到他的视神经上使其重见光明。今

图 121

天，信息时代的迅猛发展使得我们当中的许多人就有种好像大脑中被嵌入了硅芯片的感觉。

　　技术上的实现，一种办法是通过手术将硬件接入我们的灰色大脑中，另一个似乎更加便利有效的办法是从大脑中提取某些细胞，再将它们与各类胶状计算物质嫁接，然后，将这些细胞送返大脑进行工作。通过这种方式，可以实现人们想要的任何功能，不再需要 20 世纪的蹩脚硬件，也不再需要那些复杂的、玻璃式的外来芯片去处理数据，并且胶状计算物质的建造也不是很难。这个较为聪明的做法可以将数据变为人脑可理解的东西。

　　纳米技术为实现把芯片植入大脑的设想提供了条件。随着高科技的进

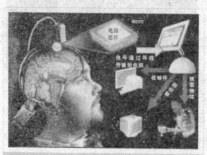

图 122

一步发展，人脑可以与电脑直接相联。把高性能硅芯片和人脑直接相联的开发工作，是通过在芯片上培养神经细胞来实现的。借植入脑中的芯片使人脑以碳为基础的记忆结构和电脑的芯片发生直接联系，这种联系会大大增强大脑的功能，因为芯片在存取信息方面的能力可以与人脑相媲美。那时，人类的所有知识都可以用这样的芯片方式植入大脑（图 122），人类可以免去繁重的学习任务。由于大脑联网的作用，那时人们不用通过语言就可以进行思想交流，人类的所有知识和思想都可以共享。

　　在 21 世纪，人类将利用纳米材料技术、仿真技术和人工生物智能机技术研制出综合型的"人造脑"（图123）。这是一个庞大的生物纳米工程，由几十个子系统组成。

　　我们知道，大脑是人体最复杂的

图 123

部分。大脑是分区掌握各种功能的。有视觉中枢、听觉中枢、运动中枢、睡眠中枢、语言中枢等，各司其职，组织结构不同。21世纪，研制的"人造脑"先是局部的、单一的功能性人造脑。例如，视觉型人造脑、听觉型人造脑等等。可以与人造眼、人造耳朵等配套使用。发展到一定阶段，综合型的"人造脑"将研制出来。

生物"人造脑"，与电子电脑和人脑都不一样。电子电脑通电流才可以工作，活人大脑要通氧气才能工作。而生物"人造脑"则要通生物电流才能工作。电子电脑的基本元件是开关电路和硅芯片；活人脑的基本元件是神经元和神经元组织。而生物"人造脑"的基本元件是蛋白质大分子和主体生物芯片。生物"人造脑"的芯片的主要材料是由聚赖氨酸制成的。这种"聚赖氨酸立体生物芯片"，在1立方毫米的立体芯片体积内含有100亿个"门电路"，可以藏下100亿比特的信息量，比20世纪的硅芯片的储存量大10万倍。运算速度极快，比人脑的思维速度快100万倍。生物"人造脑"可以放入人体内作为人脑的辅助器，指挥人体的各个器官运作。也可以作为人工智能机器人的主件，指挥人工智能机器人的思维和动作（图124）。

图124

能够思维的"计算机"

人脑有140亿个神经元及10亿多个神经节，每个神经元都与数千个神经元交叉相联，它的作用都相当于一台微型电脑。人脑总体运行速度相当于每秒 1000 万亿次的电脑具有的功能。

人脑是最完美的信息处理系统。从信息处理的角度对人脑进行研究，并研制出像人脑一样能够"思维"的计算机，一直是科学家的梦想。20 世纪 80 年代初，在美国、日本，接着在中国，都掀起了一股研究神经网络理论和神经计算机的热潮。

用许多微处理机模仿人脑的神经元结构，采用类似人脑的结构设计就构成了神经电脑。神经电脑除有许多处理器外，还有类似神经的节点，每个节点又与其他许多节点相连。若把每一步运算分配给每台微处理器，它们同时运算，其信息处理速度和智能会大大提高。科学家预计，将来，有了利用纳米技术制造的超级计算机，就完全有可能模拟出具有人类智能的电脑。这种电脑又被称做人工大脑。

对于德国神经科学家彼得·佛雷莫兹来说，研制神经计算机这一目标稍嫌远了点。他正致力于研究如何使生物有机体和硅芯片结合起来，用以研究神经元的自学习和记忆。

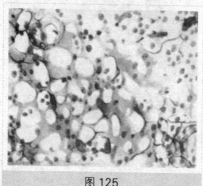

图 125

后来，佛雷莫兹领导的研究小组把两个蜗牛神经元固定在硅芯片的中间，看起来像在芯片上刻蚀出的尖状"篱笆"圈住了神经元（图 125）。在以后的两天时间里，两个蜗牛的神经元长出突触，彼此连接到一起，相互间还能够交换电信号，或与芯片上的电极交换电信号。

神经元的连接使佛雷莫兹明确地看到细胞是怎样回应这些电信号的。伴随着更多的神经元的采用，他计划研究神经网络的物理变化与记忆的存储问题。佛雷莫兹说："我们有最基本的部件，它们能把数字电子元件和神经网络结合起来。下一步的工作是让硅芯片上有更多的神经元。目标是创造一个小型的自学习网络。"

美国杜克大学的科学家正在研制一种"猴脑计算机"。他们想了解并开发出服务于瘫痪者的神经弥补术。目前，他们的研究小组正试验让猴脑发出信号来控制一个机器人的手臂。当猴子伸手抓取食物时，在它的脑皮层中埋植着的微电极就会读取神经信号。计算机分析这些信号，辨别大脑活动的模式，预知猴子上肢的运动方向，从而引导机器人的手臂运动。试验中，当猴子移动自己的上肢时，机器人的手臂也随着一起移动，动作协调得令人称奇。

进行这个试验的科学家认为，将来人脑也许能用导线跟外部其他的人脑或计算机连接起来，可以直接传送信号和接收反馈。利用这种技术可以创造出虚拟现实系统。在这样的系统里，登陆火星的宇航员在离开地球前，他们的大脑就能学会如何对付火星上的重力问题。

俄罗斯科学家也进行了模仿人脑的研究，并于 2001 年研制出第一个人造脑: 具有人脑同样智慧的"神经电脑"（图 126）。

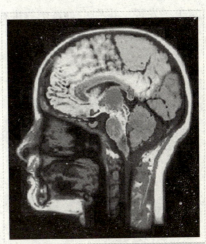

图 126

俄科学家瓦利采夫说，俄罗斯的新式电脑模仿脑细胞（或称神经元）的运作方式，采用神经生理学和神经形态学的最新发现，超越过去的脑模型，制造出真正会思考的机器。但他警告说，这个科学突破也有其潜在危险，他说，新式人工脑如果处理失当会变成科学怪物。他说："这个机器必须像新生儿一样接受训练。使它成为我们的朋友而不是罪犯或敌人，这是非常重要的。"

日本科学家已开发出制造神经电脑需要的大规模集成电路芯片，在 1.5 平方厘米的硅片上可设置 400 万个神经元和 4 万个神经节，这种芯片能实现每秒 2 亿次的运算速度。富士通研究所开发的神经电脑，每秒更新数据速度近千亿次。日本电气公司推出一种神经网络声音识别系统，能够识别出人的声音，正确率达 99.8%。美国研究出由左脑和右脑两个神经块连接而成的神经电脑。右脑为经验功能部分，有 1 万多个神经元，适用于图像识别；左脑为识别功能部分，含有 100 万个神经元，用于存储单词和语法

图 127

规则。现在，纽约、迈阿密和伦敦的飞机场已经用神经电脑来检查爆炸物，每小时可查600～700件行李，检出率为95%，误差率为2%。

神经电脑将会广泛应用于各领域。它能识别文字、符号、图形、语言以及声纳和雷达收到的信号，判读支票，对市场进行估计，分析新产品，进行医学诊断，控制智能机器人，实现汽车自动驾驶和飞行器自动驾驶（图127），发现、识别军事目标，进行智能决策和智能指挥等。

前途无量的纳米技术

Part 5
纳米与军事

　　纳米武器的出现和使用，将大大改变人们对战争力量对比的看法，使人们重新认识军事领域数量与质量的关系，产生全新的战争理念，使武器装备的研制与生产更加脱离数量规模的限制，进一步向质量智能的方向发展，从而彻底变革未来战争的面貌。未来战场，巨型武器系统和微型武器系统将同时存在，协同作战，大有大的作用，小有小的妙处，作战手段更加机动灵活，战斗格局更加诡谲多变。人们更多看到的将是"蚂蚁啃大象"、"小鬼擒巨魔"、"以小制大"、"以微胜巨"的奇异战争景观。

前
途
无
量
的
纳
米
技
术

隐身飞机与纳米

飞机如此之大，怎么隐身呢？这里说的隐身并不是说我们人看不到，而是不让敌人的雷达发现。如果能不让敌人的雷达发现的话，那么敌人的导弹就无法攻击我们了。可是怎样才能不让敌人的雷达发现我们的飞机呢？

首先就要看看雷达是如何发现飞机的。其实雷达是仿照蝙蝠制作的，我们知道蝙蝠能够在夜晚自由地飞来飞去。蝙蝠是如何做到这一点的呢？

图128

实际上蝙蝠靠的是超声波（图128），它的嘴巴不断地发出超声波，这种超声波遇到物体后就会被反射回来，蝙蝠的耳朵接收到返回的信号，就能确定物体的位置。雷达的工作原理与蝙蝠类似，首先雷达要向探测方向发射电磁波，当发出的电磁波遇到飞机时就会被反射回来，雷达再接收这个反回来的电磁波就能知道有没有飞机和飞机所在的位置。

既然雷达是通过接收飞机反射的电磁波来判断飞机的位置，那么如果让飞机不反射电磁波的话，雷达就发现不了飞机了。实际上飞机隐身正是通过这种方式达到的。

看来要想让飞机隐身，就要给飞机穿上隐身衣，这个隐身衣能够吸收雷达波。这回又要让纳米材料出来大显身手了。

1991年海湾战争中，美国第一天出动的战斗机就躲过了伊拉克严密的雷达监视网，迅速到达伊拉克首都巴格达上空，直接摧毁了电报大楼和其他军事目标，在历时 42 天的战斗中，执行任务的飞机达 1270 架次，使伊军 95％的重要军事目标被毁，而美国战斗机却无一架受损。这场高技术的战争一度使世界震惊。为什么伊拉克的雷达防御系统对美国战斗机束手无策？为什么美国的导弹击中伊拉克的军事目标如此准确？空对地导弹击中伊拉克的坦克为什么有极高命中率？一个重要的原因就是美国 F-117A 型战斗机机身表面包覆了隐身材料（图 129），它具有优异的宽频带微波吸收能力，可以逃避雷达的监视。而伊拉克的军事目标和坦克等武器没有防御红外线探测的隐身材料，很容易被美国战斗机上灵敏的红外线探测器所发现，再通过先进的激光制导武器很准确地击中目标。

图 129

美国 F-117A 型飞机蒙皮上的隐身材料就含有多种纳米粒子，它们对不同波段的电磁波有强烈的吸收能力。纳米材料之所以可以担当飞机的隐身衣，是因为纳米材料的尺寸远小于红外及雷达波的波长，纳米材料对这些波的透过率比常规材料强得多，大大减小了飞机对雷达波的反射，使雷达无法正确测得目标位置；另外，纳米材料对电磁波的吸收率比常规块状体材料大得多，纳米微粒材料的表面积非常大，对电磁波的吸收率也比常规材料大得多，使雷达得到的反射信号强度大大降低，因此难以发现被探测目标。美国研制的利用纳米技术制造的隐身材料，对雷达波的吸收可以达到 99％。深色的纳米材料，还可以提高飞机的视觉隐身能力。

有几种纳米粒子很可能在隐身材料上发挥作用，例如氧化铝、氧化铁、氧化硅和氧化钛，还有它们的复合粉体。这些纳米粒子与合成树脂、增强

图 130

纤维构成的结构吸波材料，对红外波段有很好的屏蔽作用，材料密度低，可大大降低飞机重量；其次，这类材料具有透波或吸波特性，非金属材料和粘接技术的应用，还减少或排除了飞机表面使用的金属铆接零件，这无疑是提高飞机隐身性能的一个重要原因。有资料指出，美国的 B-2 隐形轰炸机上非金属复合材料占飞机重量的 50% 以上（图 130），其中不乏纳米微粒。纳米超微粒可以制成具有良好吸波性能的涂层，而纳米磁性材料在隐身方面的应用也有明显的优越性。这种材料可以与驾驶舱内的信号控制装置相配合，通过开关发出干扰，改变雷达波的反射信号，使波形畸变；或者使波形变化不定，使敌人难以辨认，迷惑对方的雷达操纵员，从而达到隐身的目的。

当前，世界各国为了适应现代化战争的需要，提高在军事对抗中竞争的实力，都将隐身技术作为一个重要的研究对象，其中隐身材料在隐身技术中占有重要的地位。为了提高我国的国防实力，我们也要用高科技来武装我们的军队。

特殊防身服

军服是一种特殊的功能性服装，不但要具备结实耐穿、保暖、阻燃、防火、抗菌、隐身等性能，同时还要具备轻便、易清洁、舒适等特点。现代军服更要求具有良好的伪装性、隐蔽性，甚至能够根据战场环境进行变色、变温、防红外、解决静电问题。普通的化纤军服、化纤睡袋和化纤被

第五章 纳米与军事

褥等不仅在黑暗中会摩擦产生放电效应，容易被敌方发现或被敌侦察仪器探测到，甚至还有可能酿成灾祸。

多年来，各国军队由静电引起的各类事故时有发生。所以，从战场安全和未来作战需要出发，必须安全妥善处理与解决静电问题，这就要求对以往的化纤军用品提出改进的方案和方法。然而传统的面料无法同时满足这些要求，这就给了纳米技术大显身手的机会。

经过多年的潜心研究与试验，专家终于发现：金属纳米微粒在解决静电问题方面独具优势，在化纤军用品当中加入适量的金属纳米微粒，其静电效应大大降低。不仅如此，在有些化纤制品和医药用品中添加纳米微粒，还有除味杀菌的作用。如在医用纱布中放入纳米银粒子，这样处理后的纱布具有更好的消毒灭菌作用。

新型的军服由于大量地运用了纳米技术（图131），具有抗紫外老化和热老化及保暖隔热作用，并且大幅度地提高了材料的弹性、强度、耐磨性和稳定性。新的纳米材料技术的运用，使军服不但防油、防水、抗菌、抗污，清洁起来极其简便，而且穿着柔软舒适，更加适应野战条件下的要

图 131

求，此类军服所需的面料，在理论上已经得到证实，现在正在加紧进行应用研究，在这一领域我国现处在世界先进水平行列。

通过巧妙的设计，纳米军服还具有一定的智能。这是什么意思呢？就拿现在美国正在研制的"超人战斗服"为例（图132），其智能性首先体现在内嵌的由纳米管和其他纳米设备制成的超微电脑使之具有的通信功能。据报道，这种智能军服具有防护、隐形以及通信等多项功能，届时美国士兵所戴的激光保护头盔将成为信息中枢，这种头盔由纳米粒子制成，备有微型电脑显示器、昼夜激光瞄准感应仪（图133）、化学及生物呼吸面罩等。军服材料中使用的纳米太阳能传导电池可与超微存储器相连，确

图 132

图 133

保整个系统的能源供应。此外，在这种纳米军服中还嵌有生化感应仪，用以监视士兵的身体状况，可监视着装者的心率、血压、体内及体表温度等多项重要指标。军服研究者还希望利用纳米材料最终制作的新军服面料具有较高的弹性、很轻的质地以及极高的强度和韧性，并能发挥防弹服的功用。

据有关人士透露，为提高士兵生存能力，美国军方正在研制高科技的锁子甲，使士兵免受子弹或生物武器的伤害。在士兵断腿时军服可变成石膏一样的物质。当士兵遭到化学武器袭击时，这种军服可以自动释放解毒剂。科学家相信，通过在结构中加入新的纳米技术成果就能做到这一点。

"被发现等于被消灭"，这已成为现代武器研制领域的箴言。各国武器设计者都在努力研究隐形技术。从近代以绿、黄为主色调的军装到现代迷彩服的出现，服饰伪装的终极目标不外乎是彻底隐身。具有隐身功能的智能军服无疑是部队在现代战争中保存战斗力的理想装备。军服研制者设想在制作军服的特种纤维中大量掺入利用纳米技术制造的微型装置，即在特种纤维中植入微型发光粒子，从而可以感知周边环境的颜色并做出相应的调整，使军服变成与周围环境一致的隐蔽色。这就是所谓的纳米"隐身衣"。据说这种"隐身军服"有四种颜色的变形图案，这些图案是由计算机对大量丛林、沙漠、岩石等背景环境进行统计分析后模拟出来的。其色彩的种类、色调、亮度，对光谱的反射性，以及各种色彩的面积分布比例都经过精确的计算，使"隐身衣"上的斑点形状、色调、亮度与背景一致。穿上这种隐身军服，在可见光条件下，敌方目视难以发现。这样，着装者的轮廓发生变形，从近距离看，是明暗反差较大的迷彩；从远距离看，其细碎的图案与周围环境完全融合，即使在活动时也难以被肉眼发现。

另外，随着微光夜视仪、红外夜视仪等夜视器材的大量安装，防红外追踪的"隐身衣"的研制成为军服开发新热点。这种"隐身衣"上的各种颜色除对可见光的反射与背景一致外，对红外光的反射也与绿叶、岩石、沙漠等背景一致，特别是由于彩色电视在空中侦察中的应用，对"隐身衣"提出了更高的要求，要在冬季、夏季与各种不同的背景保持一致。于是，随环境改变而自动变化的"隐身衣"又应运而生。设想这种集防可见光、红外、微光夜视侦察于一身的新型智能"隐身衣"一旦装备部队，那么士兵可谓真正成了隐身人。

奇异的麻雀卫星

看到这个题目，读者可能多少有些迷惑，什么是麻雀卫星（图134）？其实这只是个比喻，麻雀卫星是说只有麻雀那样大小的卫星。在科学技术迅猛发展的20世纪末期，航天技术突破了传统的单星功能"多而全"的思想，已呈现出了一种新的发展趋势和新的设计思想，典型代表就是现代小卫星系统。

小卫星是指质量小于1吨的卫星。按照质量范围的不同，它主要包括小型卫星（0.5～1吨）、超小卫星（0.1～0.5吨）、微型卫星（0.01～0.1吨）和纳米卫星（小于0.01吨）。

图134

图135

前途无量的纳米技术

近年来小型卫星在国外的发展已初具规模，比如"铱"卫星通信系统，由66颗重0.7吨的小型卫星组成网络，从而实现全球"无缝隙"通信，可以说是名副其实的"全球通"。由清华大学研制的我国第一颗小卫星"清华"1号（图135），属微型卫星，它可用于太空科研、环境监测、特种通信和科普教育等。

美国、德国、日本、韩国等国家都已在竞相研制和发展微型卫星。

美国于1995年提出了纳米卫星的概念。这种卫星比麻雀略大，质量不足10千克，各种部件全部用纳米材料制造，采用最先进的微机电一体化集成技术整合，具有可重组性和再生性，成本低，质量好，可靠性强。一枚小型火箭一次就可以发射数百颗纳米卫星。

若在太阳同步轨道上等间隔地布置648颗功能不同的纳米卫星，就可以保证在任何时刻对地球上任何一点进行连续监视，即使少数卫星失灵，整个卫星网络的工作也不会受到影响。

卫星越小，技术含量越高。纳米卫星和"清华"1号卫星相比，整体功能相近，但质量更轻，在10千克以下，还能应用于卫星之间的通信实验等。

纳米卫星是采用微型机电技术，将主要设备分别做在若干块芯片上的卫星，又称为"芯片级卫星"，用一枚小型运载火箭发射数百颗乃至上千颗卫星，组成卫星网络。这种卫星具有极强的生存能力和灵活性。

现代小卫星系统之所以受到世界各国军事家们的青睐，主要是因为它们具有下列特点：

发射灵活：它们可以使小型运载火箭通过铁路、公路机动应急发射，也可以用飞机从空中发射，从而满足军队的应急需求。

研制期短：比如"铱"卫星一年就可生产100多颗，平均每颗卫星的生产周期为 21 天，并且生产成本也较低，便于批量生产。

作用巨大：现代小卫星时延短、衰减小、覆盖面广，人们可以在包括两极在内的全球任何地方与卫星沟通，实施全球通信和数据传输。

生存力强：小卫星目标较小，且行动诡秘，不易遭反卫星武器的攻击。另外还可采取互为补充的部署方式，即使个别卫星受损，也不会影响整个系统的工作。

纳米卫星与小卫星相比（图 136），重量上则要低 1 ~ 2 数量级，即约重 0.1 ~ 10 千克。实际上，微型卫星是依靠微型制造技术和微小组件装配起来的一种全新航天器，它的系统和分系统都将由小型化、模块化组件构成，如发射机、接收器、电源、计算机均实现了模块化，从而缩短了电缆线，大幅度减轻了质量。

图 136

但是，有关专家在经过一段论证和研究之后感到如果要使卫星进一步减轻质量、缩小体积，仅仅沿用传统卫星整体式结构的设计思路，要求其具有某种完整的实用功能，那么在现有的技术条件下，只能走向绝境。要使微型卫星再进一步地缩小，就必须从设计思想上来一个根本性的变革，而星座式结构的设计思想为纳米卫星的研制与发展提供了有力的理论依据。纳米卫星是一种尺寸尽可能小到最低限度的航天器，重量可以在 0.1 千克以下，即每颗不到 100 克。

纳米卫星的核心部件由微电机、激光陀螺仪以及有关传感器和发射机等组成（图 137），并把这些部件都集成安装到半导体圆片上。它采用了微机电系统中的多重集成技术，利用了大规模集成电路的设计思想和制造工艺。正是由于采用了这些技术和工艺，所以它能把机械部件像电子电路一样集成起来，而且把传感器、执行器、微处理器及其他电子和光学系统都集成在一个极小的几何空间内，形成机电一体化的具有特定功能的卫星部件或分系统，使整个装置既轻小、坚固，可靠性又较高。

图 137

由于它的整体功能是由几个卫星共同来完成的，而不是靠纳米卫星中某一个单独来执行的。因此，如果某卫星损坏后虽然会降低某些功能，但不会影响全局；只需通过置换损坏的部分即可得以修复，可以避免承受大的损失和系统失败所带来的风险，使可靠性大大提高。纳米卫星也具有相当的可重组性：由于它主要借助微机电系统技术和专用集成微型仪器技术，因此可把常规卫星上的很多部件，如气象层析仪、环形激光光纤陀螺、固体图像传感器和微波发射机（图138），以及电动机等部件做得很小，并集成在半导体基体上，制成纳米卫星的基本组合模块。这些基本的组合模块组成分布式配置的星座，并且可以根据需要改变其排列顺序或增减某些小模块，而使卫星星座具有不同的功能，完成不同的任务。

制造纳米卫星的核心技术是微机电系统技术，因为它是卫星部件微型化的基础。只有微机电系统真正过关，才可能用它研制成具有较强功能的微型卫星。

从目前发展来看，采用微机电系统技术使航天器、制导、导航，控制系统小型化方面的工作均已取得了初步成果。

图 138

一旦克服或解决了各种技术难题，其功能可说是极端神奇的。它可以及时跟踪各国尖端、敏感的武器装备，可以为己方部队提供全面的信息。看来，纳米卫星的回报将是相当丰厚的。

美国科研人员正在研制一种微型火箭，这种火箭只需要花费几百英镑就能将有效载荷送入太空，将来可能用来发射纳米卫星。这种火箭是受蚂蚁的启发而进行研制的。小小的蚂蚁可以举起相当于自身体重几倍的东西。因此，研究人员认为对蚂蚁等小动物进行研究，可以找到消减太空旅行费用的方法。微型火箭的自身重量很轻，所以每一枚火箭都会有惊人的、远远超过目前大型火箭的推力质量比，因此，成功地发射微型火箭的效果将会比大型火箭好得多。美国人对已制成的一枚微型火箭的研究结果表明，这种火箭的推力质量比可以比航天飞机大数百倍。这种微型火箭每一枚只有半个火柴盒那样大。它采用液态氧与乙醇的混合物作为燃料，能产生约13.2牛顿（力的单位）的推力。这使得微型火箭的推力质量比达到10000以上，而通常的航天飞机的推力质量比仅为70。

目前研制纳米卫星的目的主要还是用在军事方面，但是如果能在军事领域取得成功，不久的将来也必将会转入民用。

战场"小精灵"

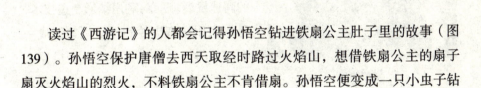

读过《西游记》的人都会记得孙悟空钻进铁扇公主肚子里的故事（图139）。孙悟空保护唐僧去西天取经时路过火焰山，想借铁扇公主的扇子扇灭火焰山的烈火，不料铁扇公主不肯借扇。孙悟空便变成一只小虫子钻进铁扇公主的肚子里，大闹五脏六腑，迫使铁扇公主就范。如今随着纳米武器的出现，这种神话正成为现实。

当所有的东西都足够小、技术也能驾御这些小东西的时候，军事科学家们开始尽情想像，研制出千奇百怪的战场"小精灵"。

航空母舰、重型坦克、重型轰炸机这些大家伙一向都是军事迷的最爱。可是在将来这些武器可能就要退出第

图139

一线了，纳米级的武器会扮演主角。别看它们小，威力却非常巨大。有了这些纳米武器你就能无孔不入地深入敌人的内部，那样敌人真成了瓮中之鳖。用纳米技术制造的微型武器，其体积只有昆虫般大小，却能像士兵一样执行各种军事任务。由于这些微型武器隐蔽性好，它们可以潜伏在敌方关键设备中长达几十年之久。平时相安无事，战时则可群起而攻之，令人防不胜防。

任何武器装备都是科学技术发展的产物。微型武器的产生也不是偶然的，它是纳米技术这一前沿科学技术应用于军事领域中的直接结果。

目前，纳米技术虽然还处在重大突破的前夜，但已取得了一系列足以使全世界震惊的成果：日本 NEC 基础研究所制成的量子点阵列说明纳米电子技术正突破微电子技术发展的极限（图140），导致具有特殊功能的新型量子元器件出现；美国 IBM 公司和日本日立公司单电子晶体管的研制成功，意味着人类已经可以控制单个电子。

图 140

尤其令人振奋的是纳米制造技术的高速发展。现在，利用纳米制造技术，科学家用微型齿轮和发动机等组成一个蚂蚁大小的人造昆虫或微型机器人已不是什么梦想。在日本，丰田公司用极微小的部件组装了一辆米粒大小的能够运转的汽车；美国俄亥俄州的科学家研制了一种小得令人惊讶的微型发动机——1000 台发动机竟然可装进一个小火柴盒里；德国科学家制成了一架黄蜂大小但能够升空的直升机。这一系列成果使全世界为之震惊。人们一致认为，纳米技术的发展，不仅将开创未来科技发展的一个新时代，而且将引发工业领域的一场重大变革。

当纳米技术在工业界崭露头角之时，人们就已窥视到了它在军事领域中广泛的应用前景。美国兰德公司和国防研究所在对未来技术进行充分的研究后认为，纳米技术将在未来战争中起到非常重要的作用。

为此，世界主要军事大国都十分重视纳米技术在军事领域的应用，相继提出多项军用纳米技术的开发与应用计划，这些计划不仅包括利用纳米技术开发新型导航与制导系统、新概念太阳能光电转换器件等等，以进一步加速武器装备小型化、信息化和一体化的进程，而且也先后出台并开始实施了一系列利用纳米技术开发新型微型武器装备的军事研究计划。

未来的战争一旦打起来，"苍蝇"飞机可就派上了用场，那情报传得又快又准；"蚊子"导弹专攻敌人的要害部分；"蚂蚁"士兵钻进敌人心脏（图141），拳打脚踢；而"麻雀"卫星是隐藏在敌人上空最敏锐的眼睛……下面就让我们看看这些微小的武器到底是些什么东西。

"苍蝇"飞机：这是一种像苍蝇那么大的微型装备，可携带各种探测设备。它具有信息处理、导航（带有小型全球定位系统接收机）和通信能力，并能在一定的范围内机动地飞行、爬行、跳跃等。这种微型装备能够从

图 141

各种平台上发射出来，飞机以及火炮和步枪弹药均可投放，也可人工放置。其主要功能是在各种情况下，秘密部署到敌人信息系统或武器系统的附近，对敌人实施监视。这些"苍蝇"可悬停、爬行、滚动，进入建筑物或附着在建筑物窗户外面。"苍蝇"们一旦到达指定位置，就立刻开始"听"、"看"、"嗅"，并把探测到的数据传达到系统控制者那里，而敌方雷达根本发现不了它们（图142）。许多个这种微型探测装置则可在一个地区形成一个

图 142

高效的监视网。在该网上空，作为控制者的飞机或直升机，不断地用激光问询网内的探测器。每个微型探测器都具有一定的信息储存和处理能力，它们利用其携带的接收器和控制者取得联系。据说它还适应全天候作战，可以从数百千米外，将其获得的信息传回已方导弹发射基地，直接引导导弹攻击目标。这种微型探测器的出现，将极大地改善战场信息获取的数量和质量，使传统的侦察监视手段发生革命性的变化。

"蜇人的黄蜂"：上述"苍蝇"飞机经过一定的改装，让其携带上某种极小的弹头之后，就成了一种具有一定攻击能力的"蜇人的黄蜂"。这种带有"毒刺"的"黄蜂"能轻易地使敌人的信息系统、武器系统失效，使敌军丧失机动能力，有的还可以通过插口钻进敌人的计算机，破坏其电子电路，使整个计算机瘫痪。由于它们不像计算机病毒武器那样仅仅攻击计算机的软件，而是直接攻击计算机硬件，因而能对计算机系统造成十分严重的危害。这种能使敌人系统失去效能而不造成人员伤亡的"带有毒刺的黄蜂"，将使许多大型武器系统面临着严重的威胁，也使未来作战方式发生新的变化。

图 143

无法分辨的"间谍草"（图143）：西方国家正在利用纳米技术制造一种看似小草的微型探测器，这种被称之为"间谍草"的探测器内装有敏锐的电子侦察仪器、照相机和感应器，具有像人类眼睛一样的"视力"，可侦测出数百米之外坦克等装备出动时产生的震动和声音，并将情报传回总部。它可用飞机空投，一架飞机或直升机可撒布大量这种像草一样的微型探测装置，这些微型平台飘到地面上，就会自动地在地面上定向，使某一端正确朝上并指向正确方向。它还具有一定的机动能力，能够稍许移动，如从障碍后面转出来。在敌军可能部署的原野上，空投数以万计的这种"间谍草"，就可轻而易举地掌握敌军动向，观察敌人的部署和行动，捕获目标，使敌人的作战地域变得"透明"。

"蚂蚁雄兵"：这是一种只有蚂蚁般大小，但具有极大的破坏力的"机器蚂蚁"。它的背部装有一枚微型太阳能电池作动力，身上既可装上搜集情报的微型感应器，也可装上实施攻击的微型高效炸药。被投放战场以后这些纳米士兵就会各显神通：有的专门破坏电子设备，使其短路毁坏；有的充当爆破手，用特种炸药引爆目标；有的施放各种化学制剂使敌方金属变脆、油料凝结，或使敌方人员神经麻痹，失去战斗力。它可以神不知鬼不觉地潜进敌军总部，专找电脑网络或电线下手，它的火力足以炸毁各种重要的通信线路。

图 144

袖珍遥控飞机（图 144）：有些国家已研制了一种袖珍的遥控飞机，机上装有超敏感应器，这种传感器不仅可闻出柴油引擎排出的废气，并且可在夜间拍摄清晰的红外线照片。袖珍飞机可将其所获得的最新情报信息随时传回几百千米外的基地，甚至可将敌军的坐标位置传送到己方的导弹发射阵地，指引导弹对敌人实施奇袭。

不少军事专家宣称，由于纳米技术的发展而导致的武器装备的这种微型化将在军事作战领域引发一场真正的革命。美国五角大楼的武器专家预计，5 年内将有第一批由这种微型武器组成的"微型军"服役，10 年内可望大规模部署。未来可能是成千上万种袖珍武器的天下，从天上的黑压压的"蜜蜂战机"机群到地面数不胜数的"蚂蚁大军"，轰炸机或导弹都将不是它们的对手。

现在你已经对这些微小的纳米武器有了一些了解，那你可能会问，究竟这些纳米武器靠什么达到那么巨大的威力。原来它们靠的是电脑，不过可不是普通的电脑，而是应用纳米技术制造出来的量子电脑。由于有了量子电脑这种超级计算机，上面的纳米武器就可以完成我们现在看来不可能完成的任务。

让我们展开想象力，看一看未来可能出现的纳米武器的神奇作用吧！

"智能间谍虫"是一种微型机器人电子智能系统与昆虫结为一体的间

前途无量的纳米技术

图 145

谍武器（图 145），通过植入昆虫神经系统的微型机器人电子智能系统，可操纵数以万计的昆虫飞往敌方不同的地域和目标，如敌方作战指挥室、会议室、指挥通信等部门"窃取"情报。更有甚者，它们在传回情报后炸毁敌方电脑网络和通信线路，必要时也可对人员等目标进行攻击。到那时，在一只普通苍蝇的身体里可能就装有这样的智能系统，真是防不胜防呀。

"微型敢死队"是一支数量极为庞大的智能化队伍，由不同种类和功能的微型武器组成。在作战中可发挥常人所不能发挥的作用，它的主要成员如下：

"排雷勇士"是一支每个士兵不足乒乓球大小的智能队伍。所有的"勇士"都携有一枚微型高能量炸弹，并有较高的飞行速度，飞行高度离地面仅为 10～15 米，雷达难以发现。由于其自身装有精密探测系统，当飞入雷区时速度迅速下降进行搜索，当发现目标后便在地表面自行爆炸引爆地雷。

"空地英雄"是一群黄蜂大小的攻击型微型飞行器。它们除了智能化和造价低外，更重要的是它们有较强的战斗力。在作战中这些"黄蜂"可装有少量的高能量炸弹，对地面目标攻击时可离地面 10～20 厘米进行超低空飞行，当接近目标时便迅速集结，就像蜜蜂包围蜂窝一样把武器装备团团围住，而后一起爆炸，摧毁或破坏敌方的武器装备及军事设施。此外，对空中的目标如作战飞机、直升机、导弹等都具有良好的拦截打击能力。战时可将这些"黄蜂"通过遥控布满战区各地域上空，指挥员可通过显示器将其按照适当的间距排开，形成一个巨大的空中拦截网。当飞机或导弹飞入这个区域内，它们可迅速变换位置使飞入者难以逃避而葬身于空中。

"海上幽灵"是由微型水上舰艇构成的进攻型的队伍，它们的体积只有几十厘米长，体内装有高能量的炸弹。具有自动跟踪识别系统，在指挥中心的监视控制下可对敌舰船等海上目标进行攻击，必要时可钻入水中对敌潜艇进行攻击。这些舰艇的最大特点是集中打击的力量比较强，进攻时以其中的一艘母舰为中心，接近目标后便迅速组成一个攻击集团形成合力。其爆炸时产生的能量是普通鱼雷的几倍。一次进攻足以击毁一艘大型的舰艇或者航空母舰。

可以预言，在高新技术不断的发展和作用下，这些由微型化武器组成的部队一旦投入作战，未来战场将发生革命性的变革。

目前，一些国家已经研究出了十分微小的武器。德国造出的体长24毫米、重量仅400毫克的直升机可以停放在花生米上（图146）。它有两个直径仅为1～2毫米的电动机，当两个旋转方向相反的旋翼转动起来时，转速可达每分钟4000转。这样，直升机

图 146

起飞后，速度比小汽车还快，身上的彩色摄像机拍出图像的清晰度比光碟画面还强好几倍。当然，模样像盘子、像蜻蜓……各种小飞行器在不断出现。电脑芯片升级速度如此之快，谁敢说纳米武器时代不会很快到来呢？

图 147

精巧的微型武器（图147），由于制作简便，造价低廉，轻巧灵活，使用方便，上天入地，无孔不入，能完成大型武器不能完成的各种任务，因此，不久的将来，"小鱼"真的要吃"大鱼"。

纳米战争打起来，对于拥有纳米武器的一方来说，真可以达到知己知彼的程度。在战场上，对于弱势一方而言，从太空到空中、到地面，在层层严密高效的纳米级侦察监视网下，几乎已无密可保。而强势一方却把对方的行动置于自己的眼皮底下，彻底"透明"。这将使得战争的过程和结局变得更加明了，谁也无法在高科技战争面前开玩笑。这一方面大大加强了战争的威慑性，但另一方面也将刺激各国围绕纳米技术优势展开更加激烈的争夺。

和传统战争相比，纳米战争消耗较少。以前的传统战争战前庞大的武器装备储备损耗是一笔不小的开支；实施战争行动的过程中更是消耗巨大，

图148

短短42天的海湾战争，就耗资高达600多亿美元，连美国这样的超级强国都感到难以承受。而纳米战争则不同，虽然前期技术研制的投入可能是巨大的，一旦开战，消耗却极小。一方面，纳米武器所用资源较少，成本相对低廉，即使大量使用，也不可能像传统战争一样消耗巨大。另一方面，纳米战争透明度高，战争强度将相对有限。由此，造价昂贵的庞然大物型舰艇（图148）、飞机、坦克、火炮等在未来可能呈锐减之势，纳米战争将成为十足的低消耗战争。

Part 6
纳米生物材料

纳米生物材料包括纳米金属块、纳米陶瓷和纳米氧化物几类。纳米金属块体耐压耐拉，产品强度比一般金属高十几倍，重量可减小到原来的十分之一。用纳米陶瓷颗粒粉末制成的纳米陶瓷具有塑性，可为陶瓷业带来了一场新革命。纳米氧化物材料五颜六色，用它可以做出很多新产品，让我们的生活变得更加绚丽多彩。

前途无量的纳米技术

高分子纳米生物材料

高分子纳米生物材料从亚微观结构上来看，有高分子纳米微粒、纳米微囊、纳米胶束、纳米纤维、纳米孔结构生物材料等等。下面主要就高分子纳米微粒及其应用做一简单介绍：

高分子纳米微粒或称高分子纳米微球，粒径尺度在 1 ～ 100 纳米范围，可通过微乳液聚合等多种方法得到。这种微粒具有很大的比表面积，出现了一些普通材料所不具有的新性质和新功能。

目前，纳米高分子材料的应用已涉及免疫分析、药物控制释放载体及介入性诊疗等许多方面。免疫分析现在已作为一种常规的分析方法对蛋白质、抗原、抗体乃至整个细胞的定量分析发挥着巨大的作用。免疫分析根据其标识物的不同可以分为荧光免疫分析、放射性免疫分析和酶联分析等。在特定的载体上以共价键结合的方式固定对应于分析对象的免疫亲和分子标识物，并将含有分析对象的溶液与载体温育，然后通过显微技术检测自由载体量，就可以精确地对分析对象进行定量分析。在免疫分析中，载体材料的选择十分关键。高分子纳米微粒，尤其是某些具有亲水性表面的粒子，对非特异性蛋白的吸附量很小，因此已被广泛地作为新型的标记物载体来使用。

在药物控制释放方面，高分子纳米微粒具有重要的应用价值（图149）。许多研究结果已经证实，某些药物只有在特定部位才能发挥其药效，同时它又易被消化液中的某些生物大分子所分解。因此，口服这类药物的

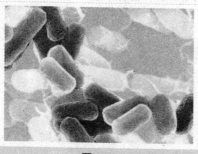

图149

药效并不理想。于是人们用某些生物可降解的高分子材料对药物进行保护并控制药物的释放速度，这些高分子材料通常以微球或微囊的形式存在。药物经载体运送后，药效损伤很小，而且药物还可以有效控制释放，延长了药物的作用时间。作为药物载体的高分子材料主要有聚乳酸、乳酸—乙醇酸共聚物、聚丙烯酸酯类等。纳米高分子材料制成的药物载体与各类药物，无论是亲水性的、疏水性的药或者是生物大分子制剂，均能够负载或包覆多种药物，同时可以有效地控制药物的释放速度。

例如中南大学开展了让药物瞄准病变部位的"纳米导弹"的磁纳米微粒治疗肝癌研究，研究内容包括磁性阿霉素白蛋白纳米粒在正常肝的磁靶向性、在大鼠体内的分布及对大鼠移植性肝癌的治疗效果等。结果表明，磁性阿霉素白蛋白纳米粒具有高效磁靶向性，在大鼠移植肝肿瘤中的聚集明显增加，而且对移植性肿瘤有很好的疗效。

靶向技术的研究主要在物理化学导向和生物导向两个层次上进行。物理化学导向在实际应用中缺乏准确性，很难确保正常细胞不受到药物的攻击。生物导向可在更高层次上解决靶向给药的问题。物理化学导向是利用药物载体的 pH 敏感、热敏感、磁敏感等特点在外部环境的作用下（如外加磁场）对肿瘤组织实行靶向给药。磁性纳米载体在生物体中的靶向性是利用外加磁场（图 150），使磁性纳米粒在病变部位富集，减小正常组织的药物暴露，降低毒副作用，提高药物的疗效。磁性靶向纳米药物载体主要用

图 150

于恶性肿瘤、心血管病、脑血栓、冠心病、肺气肿等疾病的治疗。生物导向是利用抗体、细胞膜表面受体或特定基因片段的专一性作用，将配位子结合在载体上，与目标细胞表面的抗原性识别器发生特异性结合，使药物能够准确送到肿瘤细胞中。药物（特别是抗癌药物）的靶向释放面临网状内皮系统（RES）对其非选择性清除的问题。再者，多数药物为疏水性，它们与纳米颗粒载体偶联时，可能产生沉淀，利用高分子聚合物凝胶作为

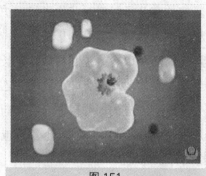

图 151

药物载体可望解决此类问题。因凝胶可高度水合，如合成时将其尺寸达到纳米级，可用于增强对癌细胞的通透和保留效应。目前，虽然许多蛋白质类、酶类抗体能够在实验室中合成，但是更好的、特异性更强的靶向物质还有待于研究与开发。而且药物载体与靶向物质的结合方式也有待于研究。

该类技术安全、有效进入临床应用前仍需要诸如更可靠的纳米载体、更准确的靶向物质、更有效的治疗药物、更灵敏（图 151）、操作性更方便的传感器以及体内载体作用机制的动态测试与分拆方法等重大问题尚待研究解决。

DNA 纳米技术是指以 DNA 的理化特性为原理设计的纳米技术，主要应用于分子的组装。DNA 复制过程中所体现的碱基的单纯性、互补法则的恒定性和专一性、遗传信息的多样性以及构象上的特殊性和拓扑靶向性，都是纳米技术所需要的设计原理。现在利用生物大分子已经可以实现纳米颗粒的自组装。将一段单链的 DNA 片断连接在 13 纳米直径的纳米金颗粒 A 表面，再把序列互补的另一种单链 DNA 片断连接在纳米金颗粒 B 表面。将 A 和 B 混合，在 DNA 杂交条件下，A 和 B 将自动连接在一起。利用 DNA 双链的互补特性，可以实现纳米颗粒的自组装。利用生物大分子进行自组装，有一个显著的优点：可以提供高度特异性结合。这在构造复杂体系的自组装方面是必需的。

美国波士顿大学生物医学工程所 Bukanov 等研制的 PD 环（PD-loop）（在双链线性 DNA 中复合嵌入一段寡义核苷酸序列）比 PCR 扩增技术具有更大的优越性；其引物无需保存于原封不动的生物活性状态，其产物具有高度序列特异性，不像 PCR 产物那样可能发生错配现象。PD 环的诞生为线性 DNA 寡义核苷酸杂交技术开辟了一条崭新的道路，使从复杂 DNA 混合物中选择分离出特殊 DNA 片段成为可能，并可能应用于 DNA 纳米技术中。

基因治疗是治疗学的巨大进步。质粒 DNA 插入目的细胞后，可修复遗传错误或可产生治疗因子（如多肽、蛋白质、抗原等）。利用纳米技术，可使 DNA 通过主动靶向作用定位于细胞；将质粒 DNA 浓缩至 50～200 纳米大小且带上负电荷，有助于其对细胞核的有效入侵；而最后质粒 DNA 能否插入细胞核 DNA 的准确位点则取决于纳米粒子的大小和结构：此时的纳米粒子是由 DNA 本身所组成，但有关它的物理化学特性尚有待进一步研究。

脂质体是一种定时定向药物载体（图 152），属于靶向给药系统的一种新剂型。20 世纪 60 年代，英国 A.D.Bangham 首先发现磷脂分散在水中构成由脂质双分子层组成的内部为水相的封闭囊泡，由双分子磷脂类化合物悬浮在水中形成的具有类似生物膜结构和通透性的双分子囊泡称为脂质体。20 世纪 70 年代初，Y.E.Rahman 等在生物膜研究的基础上，首次将脂质体作为细菌和某些药物的载体。纳米脂质体作为药物载体有如下优点：

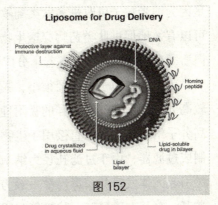

图 152

（1）由磷脂双分子层包封水相囊泡构成，与各种固态微球药物载体相区别，脂质体弹性大，生物相容性好。

（2）对所载药物有广泛的适应性，水溶性药物载入内水相、脂溶性药物溶于脂膜内，两亲性药物可插于脂膜上，而且同一个脂质体中可以同时包载亲水和疏水性药物。

（3）磷脂本身是细胞膜成分，因此纳米脂质体注入体内无毒，生物利用度高，不引起免疫反应。

（4）保护所载药物，防止体液对药物的稀释，及被体内的酶分解破坏。

纳米粒子将使药物在人体内的传输更为方便，对脂质体表面进行修饰，比如将对特定细胞具有选择性或亲和性的各种配体组装于脂质体表面，以达到寻靶目的。以肝脏为例，纳米粒子—药物复合物可通过被动和主动两种方式达到靶向作用；当该复合物被 Kupffer 细胞捕捉吞噬（图 153），使药物在肝脏内聚集，然后再逐步降解释放入血液循环，使肝脏药物浓度增

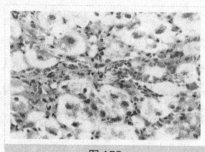

图 153

加，对其他脏器的副作用减少，此为被动靶向作用；当纳米粒子尺寸足够小约 100 ～ 150 纳米且表面覆以特殊包被后，便可以逃过 Kupffer 细胞的吞噬，靠其连接的单克隆抗体等物质定位于肝实质细胞发挥作用，此为主动靶向作用。用数层纳米粒子包裹的智能药物进入人体后可主动搜索并攻击癌细胞或修补损伤组织。

纳米粒子作为输送多肽与蛋白质类药物的载体是令人鼓舞的，这不仅是因为纳米粒子可改进多肽类药物的药代动力学参数，而且在一定程度上可以有效地促进肽类药物穿透生物屏障。纳米粒子给药系统作为多肽与蛋白质类药物发展的工具有着十分广泛的应用前景。

由于纳米粒子的粒径很小，具有大量的自由表面，使得纳米粒子具有较高的胶体稳定性和优异的吸附性能，并能较快地达到吸附平衡，因此，高分子纳米微粒可以直接用于生物物质的吸附分离。将纳米颗粒压成薄片制成过滤器，由于过滤孔径为纳米量级，在医药工业中可用于血清的消毒（引起人体发病的病毒尺寸一般为几十纳米）。通过在纳米粒子表面引入羧基、羟基、磺酸基、胺基等基团，就可以利用静电作用或氢键作用使纳米粒子与蛋白质、核酸等生物大分子产生相互作用，导致共沉降而达到分离生物大分子的目的。当条件改变时，又可以使生物大分子从纳米粒子上解除吸附，使生物大分子得到回收。

纳米高分子粒子还可以用于某些疑难病的介入性诊断和治疗。由于纳米粒子比红血球（6 ～ 9 微米）小得多（图 154），可以在血液中自由运动，因此可以注入各种对机体无害的纳米粒子到人体的各部位，检查病变和进行治疗。据报道，动物实验结果表明，将载有地塞米松的乳酸—乙醇酸共聚物的纳米粒子，通过动脉给药的方法送入血管内，可以有效治疗动脉再狭

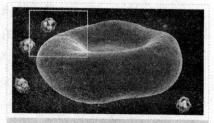

图 154

窄，而载有抗增生药物的乳酸—乙醇酸共聚物纳米粒子经冠状动脉给药，可以有效防止冠状动脉再狭窄。除此之外，载有抗生素或抗癌制剂的纳米高分子可以用动脉输送给药的方法进入体内，用于某些特定器官的临床治疗。载有药物的纳米球还可以制成乳液进行肠外或肠内的注射；也可以制成疫苗，进行皮下或肌肉注射。

纳米生物陶瓷材料

纳米陶瓷是 20 世纪 80 年代中期发展起来的先进材料，是由纳米级水平显微结构组成的新型陶瓷材料，它的晶粒尺寸、晶界宽度、第二相分布、气孔尺寸、缺陷尺寸等都只限于 100 纳米量级的水平。纳米结构所具有的小尺寸效应、表面与界面效应使纳米陶瓷呈现出与传统陶瓷显著不同的独特性能。纳米陶瓷已成为当前材料科学、凝聚态物理研究的前沿热点领域，是纳米科学技术的重要组成部分。

生物陶瓷作为一种生物医用材料，无毒副作用，与生物组织具有良好的相容性和耐腐蚀性，备受人们的青睐，在临床上已有广泛的应用，用于制造人工骨、骨钉、人工齿、牙种植体、骨髓内钉等（图 155）。目前，生物

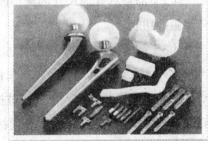

图 155

陶瓷材料的研究已从短期的替代与填充发展成为永久性牢固种植，从生物惰性材料发展到生物活性材料。但是由于常规陶瓷材料中气孔、缺陷的影响，该材料低温性能较差，弹性模量远高于人骨，力学性能不匹配，易发生断裂破坏，强度和韧性都不能满足临床上的要求，致使其应用受到很大的限制。

纳米材料的问世，使生物陶瓷材料的生物学性能和力学性能的大大提高成为可能。与常规陶瓷材料相比，纳米陶瓷中的内在气孔或缺陷尺寸大大减小，材料不易造成穿晶断裂，有利于提高固体材料的断裂韧性。而晶粒的细化又使晶界数量大大增加，有助于晶界间的滑移，使纳米陶瓷材料表现出独特的超塑性。一些材料科学家指出，纳米陶瓷是解决陶瓷脆性的战略途径。同时，纳米材料固有的表面效应使其表面原子存在许多悬空键，并且有不饱和性质，具有很高的化学活性。这一特性可以增加该材料的生物活性和成骨诱导能力，实现植入材料在体内早期固定的目的。

图156

美国的科学家研究了纳米固体氧化铝和纳米固体磷灰石材料与常规的氧化铝和磷灰石固体材料在体外模拟实验中的差异，结果发现，纳米固体材料具有更强的细胞吸附和繁殖能力。他们猜测这可能是出于以下原因：

（1）纳米固体材料在模拟环境中更易于降解（图156）。

（2）晶粒和孔洞尺寸的减小改变了材料的表面粗糙度，增强了类成骨细胞的功能。

（3）纳米固体材料的表面亲水性更强，细胞更易于在其上吸附。

此外，人们还利用纳米微粒颗粒小、比表面积大并有高扩散速率的特点，将纳米陶瓷粉末加入某些已被提出的生物陶瓷材料中，以便提高此类材料的致密度和韧性，用做骨替代材料，如用纳米氧化铝增韧氧化铝陶瓷，用纳米氧化锆增韧氧化锆陶瓷等，已取得了一定的进展。

我国四川大学的科学家将纳米磷灰石晶体与聚酰胺高分子制成复合体，并将纳米晶体含量调节到与人骨所含的纳米晶体比例相同，研制成纳米人工骨。这种纳米人工骨是一种高强柔韧的复合仿生生物活性材料。由于这种复合材料具有优异的生物相容性、力学相容性和生物活性，用它制成的纳米人工骨不但能与自然骨形成生物键合，而且易与人体肌肉和血管牢牢长在一起。并可以诱导软骨的生成，各种特性几乎与人骨特性相当。另外他们还构思将纳米固体陶瓷材料制造成人工眼球的外壳，使这种人工眼球不仅可以像真眼睛一样同步移动，也可以通过电脉冲刺激大脑神经，看到精彩世界；理想中的纳米生物陶瓷眼球可与眶肌组织达到很好的融合，并可以实现同步移动。

在无机非金属材料中，磁性纳米材料最为引人注目（图 157），已成为目前新兴生物材料领域的研究热点。特别是磁性纳米颗粒表现出良好的表面效应，比表面激增，官能团密度和选择吸附能力变大，携带药物或基因的百分数量增加。在物理和生物学意义上，顺磁性或超顺磁性的纳米铁氧体纳米颗粒在外加磁场的作用下，温度上升至 $40℃ \sim 45℃$，可达到杀死肿瘤的目的。

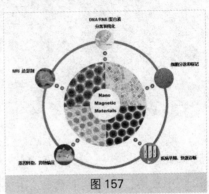

图 157

德国学者报道了含有 $75\% \sim 80\%$ 铁氧化物的超顺磁多糖纳米粒子的合成和物理化学性质。将它与纳米尺寸的 SiO_2 相互作用，提高了颗粒基体的强度，并进行了纳米磁性颗粒在分子生物学中的应用研究，试验了具有一定比表面的葡萄糖和二氧化硅增强的纳米粒子。在下列方面与工业上可获得的人造磁珠做了比较：DNA 自动提纯、蛋白质检测、分离和提纯、生物物料中逆转录病毒检测、内毒素消除和磁性细胞分离等。例如在 DNA 自动提纯中，用浓度为 25 毫升 / 千克的葡聚糖纳米磁粒和 SiO_2 增强的纳米粒子悬浊液，达到了 >300 纳克 / 微升的 DNA 型 1-2KD 的非专门 DNA 键合能力。SiO_2 增强的葡聚糖纳米粒子的应用使背景信号大大减弱。此外，还可以将磁性纳米粒子表面涂覆高分子材料后与蛋白质结合，作为药物载体注入到人体内，在外加磁场 $2125 \times 103\pi$（A/m）作用下，通过纳米磁性粒子的磁性导向性，使其向病变部位移动，从而达到定向治疗的目的：例如 $10 \sim 50$ 纳米的 Fe_3O_4 磁性粒子表面包裹甲基丙烯酸，尺寸约为 200 纳米，这种亚微米级的粒子携带蛋白、抗体和药物可以用于癌症的诊断和治疗。这种局部治疗效果好，副作用少。

另外根据 TiO_2 纳米微粒在光照条件下具有高氧化还原能力而能分解组成微生物的蛋白质的特性，科学家们进一步将 TiO_2 纳米微粒用于癌细胞治疗，研究结果表明，紫外光照射 10 分钟后，TiO_2 纳米微粒能杀灭全部癌细胞。

其他方面的应用还有一些例子。

20 世纪 80 年代初，人们开始利用纳米微粒进行细胞分离，建立了用纳米 SiO_2 微粒实现细胞分离的新技术（图 158）。其基本原理和过程是：先制备 SiO_2 纳米微粒，尺寸大小控制在 15 ~ 20 纳米。结构一般为非晶态，再将其表面包覆单分子层。包覆层的选择主要依据所要分离的细胞种类而定，一般选择与所要分离细胞有亲和作用

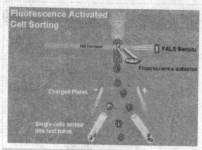

图 158

的物质作为附着层。这种 SiO_2 纳米粒子包覆后所形成复合体的尺寸约为 30 纳米；第二步是制取含有多种细胞的聚乙烯吡咯烷酮胶体溶液，适当控制胶体溶液浓度；第三步是将纳米 SiO_2 包覆粒子均匀分散到含有多种细胞的聚乙烯吡咯烷酮胶体溶液中，再通过离心技术，利用密度梯度原理，使所需要的细胞很快分离出来。此方法的优点是：易形成密度梯度；易实现纳米 SiO_2 粒子与细胞的分离。这是因为纳米 SiO_2 微粒属于无机玻璃的范畴，性能稳定，一般不与胶体溶液和生物溶液反应，既不会玷污生物细胞，也容易把它们分开。

利用不同抗体对细胞内各种器官和骨骼组织的敏感程度和亲和力的显著差异，选择抗体种类，将纳米金粒子与预先精制的抗体或单克隆抗体混合，制备成多种纳米金抗体复合物。借助复合粒子分别与细胞内各种器官和骨骼系统结合而形成的复合物，在白光或单色光照射下呈现某种特征颜色（如 10 纳米的金粒子在光学显微镜下呈红色），从而给各种组合"贴上"了不同颜色的标签，因而为提高细胞内组织的分辨率提供了一种急需的染色技术。

生物材料应用于人体后，其周围组织有伴生感染的危险，这将导致材料的失效和手术的失败，给患者带来巨大的痛苦。为此，人们开发出一些

兼具抗菌性的纳米生物材料。如在合成羟基磷灰石纳米粉的反应中，将银、铜等可溶性盐的水溶液加入反应物中，使抗菌金属离子进入磷灰石结晶产物中，制得抗菌磷灰石微粉，用于骨缺损的填充和其他方面。

目前，已发现多种具有杀菌或抗病毒功能的纳米材料。二氧化钛是一种光催化剂，普通 TiO_2 在有紫外光照射时才有催化作用，但当其粒径在几十纳米时，只要有可见光照射就有极强的催化作用。研究表明在其表面会产生自由基离子破坏细菌中的蛋白质，从而把细菌杀死，同时降解由细菌释放出的有毒复合物。实践中可通过向产品整体或部件中添加纳米 TiO_2，再用另一种物质将其固定化，在一定的温度下自由基离子会缓慢释放，从而使产品具有杀菌或抗菌功能。例如用 TiO_2 处理过的毛巾，只要有可见光照射，毛巾上的细菌就会被纳米 TiO_2 释放出的自由基离子杀死。TiO_2 光催化剂适合于直接安放于医院病房、手术室及生活空间等细菌密集场所。

经过近几年的发展，纳米生物陶瓷材料研究已取得了可喜的成绩，但从整体来分析，此领域尚处于起步阶段，许多基础理论和实践应用还有待于进一步研究。如纳米生物陶瓷材料制备技术的研究——如何降低成本使其成为一种平民化的医用材料；新型纳米生物陶瓷材料的开发和利用；如何尽快使功能性纳米生物陶瓷材料从展望变为现实，从实验室走向临床；大力推进分子纳米技术的发展，早日实现在分子水平上构建器械和装置，用于维护人体健康等，这些工作还有待于材料工作者和医学工作者的竭诚合作和共同努力才能够实现。

纳米生物复合材料

从材料学角度来看，生物体及其多数组织均可视为由各种基质材料构成的复合材料。具体来看，生物体内以无机—有机纳米生物复合材料最为常见，如骨骼、牙齿等就是由羟基磷灰石纳米晶体和有机高分子基质等构

图 159

成的纳米生物复合材料。人们通过仿生矿化方法制备纳米生物复合材料，获得了优于常规材料的力学性能。

按照生物矿化过程原理，美国科学家找到了一种两亲性肽分子（图159），该两亲分子一端为亲水的精氨酸—甘氨酸—天冬氨酸（RGD），另一端含有磷酰化的氨基酸残基，亲水的 RGD 序列有利于材料与细胞的粘连，而磷酰化的氨基酸残基可与钙离子相互作用。此两亲性肽分子能组装成纳米纤维以期促进生物矿化，使之成为模板指导羟基磷灰石（HA）结晶生长。此两亲分子纳米纤维溶液可形成类似于骨的胶原纤维基质的凝胶，因此可将凝胶注射至骨缺损处作为生成新骨组织的基质。研究表明将凝胶置于含酸和磷酸盐离子的溶液中，20 分钟后体系仿生矿化，HA 结晶沿纤维生长，转变成羟基磷灰石—肽复合材料，该纳米生物复合材料坚硬如真骨。

清华大学研究开发的纳米级羟基磷灰石—胶原复合物在组成上模仿了天然骨基质中无机和有机成分，其纳米级的微结构类似于天然骨基质（图160）。多孔的纳米羟基磷灰石—胶原复合物形成的三维支架为成骨细胞提供了与体内相似的微环境。细胞在该支架上能很好地生长并能分泌骨基质。体外及动物实验表明，此种羟基磷灰石—胶原复合物是良好的骨修复纳米生物材料。

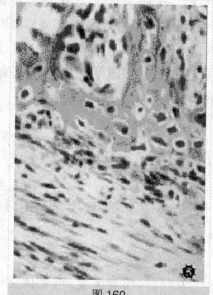

图 160

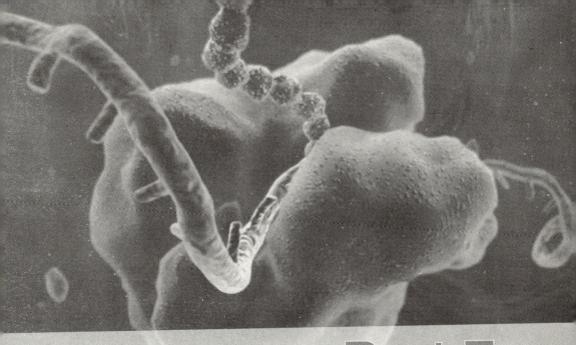

Part 7
纳米趣事

纳米科技是20世纪90年代初迅速发展起来的新兴科技，其最终目标是人类按照自己的意识直接操纵单个原子、分子，制造出具有特定功能的产品。纳米科技以空前的分辨率为我们揭示了一个可见的原子、分子世界。这表明，人类正越来越向微观世界深入，人们认识、改造微观世界的水平提高到了前所未有的高度。

前途无量的纳米技术

"神奇小子"

　　20世纪80年代，在材料王国里诞生了一位"神奇小子"，它一出世，风头就一下子盖过了材料王国里所有的大明星。但它的个子太小了，小到什么程度呢？打个比方说吧，1万个"神奇小子"肩并肩排成一行，也只有一根头发丝那么粗，人们只有借助高倍电子显微镜才能一睹它的尊容。这就是纳米材料。

　　在纳米材料出现之前，科学家一直在着急，也一直怀着一种极大的好奇心，因为按照摩尔定律，到了2010年，肉眼还能看得见的微米（10^{-6}米）量级信息技术就会走到尽头，各种物质不能再细小了，科学的各项发展会受到物理的局限，那人类岂不是从此就驻足不前了？

　　所幸的是，一个全新的天地已经初露端倪，这个新天地就是纳米技术。当以纳米材料为基础的纳米技术的魔门被打开以后，对科学家们来说，就好比是哥伦布发现新大陆，让人忍不住叫起来："哦，原来世界还可以小到这个样子！"除了发现一个与以往微米级的世界完全不同的天地外，更主要的是小小的纳米材料给我们创造了一个全新的世界。

　　别看"神奇小子"的身子细小，能耐可大着呢！纳米材料至少有四大效应：小尺寸效应、量子效应、表面效应和界面效应。在0.1～100纳米这个区间上，科学家们发现，当物质小到纳米量级后，纳米材料具有一些意想不到的与常规材料截然不同的奇异的物理化学性能，有许多新的物理化学现象和新的效应出现。例如，金属铜是良导体，而纳米铜是绝缘体；硅是半导体，而纳米硅是良导体；陶瓷是易碎品，而纳米陶瓷材料可在室温下任意弯曲；纳米碳管的强度是钢的100倍；纳米磁性材料的磁记录密度比普通磁性材料高10倍以上；纳米复合材料对光的反射率低，能吸收电磁波，可用做隐形飞机涂层；气体通过纳米材料的扩散速度比通过一般材料的扩散速度快几千倍，等等。可以说，有了纳米材料，这个世界上许多事情"全乱了套"，纳米材料也成为材料制造从宏观世界向微观世界进军的重要里程碑。

目前，一个以研究 0.1～100 纳米这样极微小尺度的新科学——纳米科技正在各国蓬勃发展。继信息技术、基因工程之后，纳米技术现在成为一颗最当红的科技明星。纳米材料和纳米技术问世以来的 20 年中，大致完成了材料创制、性能开发阶段，现在正步入完善工艺和全面应用阶段。预计它将在信息、通信、微电子、环境、医药等领域获得广泛应用。

图 161

正因为纳米技术给人们带来许多奇迹，科学家们"理直气壮"地为我们描绘了纳米时代的生活：我们人类一旦由微米时代进入纳米时代，我们的生活将会发生翻天覆地的变化。现在像"银河"那样的巨型计算机小到可以当作手机一样（图 161），被随手放进口袋；美国国会图书馆的全部信息，将会被压缩到一个糖块大小的设备中；有了成熟的纳米技术，遥不可及的星际旅行将变成现实，成为人们度假的新时尚，宇宙在地球人类面前将不再神秘。

纳米微粒

小宝宝用的奶瓶可以不用每次消毒（图 162），因为奶瓶加上了一种神奇的超级微小粉末，自己有杀菌的功能；爸爸戴的领带可以不用洗，就是吃饭时一不小心把菜汤和油泼上去，也不用洗，因为领带也有这种粉末，

图 162

让它不沾油、不沾水，可以自己给自己做清洁；细菌最害怕呆在放有这种粉末的冰箱、洗衣机里，因为这种粉末专门与它们过不去……这不是未来世界里的东西，而是人类实实在在地已经开始享受的新材料产品。

这种神奇的超微粉末，就是纳米微粒。神奇的粉末为何具备这么多神奇的本领？它到底有多小？

做面包的面粉是很细的粉末了，但神奇的超微粉末与面粉相比，就好比是鸡蛋与地球在相比；假设一粒芝麻有足球场那么大，那么这超微颗粒就相当于这足球场里的一粒芝麻那么小。纳米世界真是太微小了，小到肉眼根本见不到它们，必须用高倍电子显微镜才能看清它的真面目。纳米是一个长度单位，人们通常把1毫米的千分之一称为微米，1微米的千分之一便称为纳米。大家都知道1米有多长吧，把1米长的东西换算成纳米单位，就是10亿纳米。仅一根头发丝的直径，如果用纳米来计算，就有七八万纳米。那神奇的超微粉末的每一粒直径仅仅只有 1 ~ 10 纳米，当组成物质的颗粒小到纳米后，这种物质就可称为纳米材料，所以超微粉末也有一个引人注目的名字——纳米微粒，也有人叫它"纳米粉体材料"。

超微粉末一出世，就吸引了世界上所有人的目光，因为它有着惊人的与其他材料完全不同的本领，科学家发现，纳米微粒天生至少有五大看家本领：第一，因为它非常细小，所以它的表面积就特别大，1克超微粉末的表面积，可以达到几千至几万平方米，这为人们进行磁化、加速化学反应提供了很大的空间；第二，它不怕压，再大的压力它也敢承受，性格非常活泼，喜欢与其他物质进行"交往"（化学反应）；第三，它的熔点温度很低，例如我们要熔化一块银，得有 960℃ 的高温，而如果想要银超微粉末熔化，你只需要一壶开水（100℃），就可以把它浇熔；第四，它耐热、耐腐蚀；第五，它的导热性能好，传热快，是极好的导热材料。

正因为纳米微粒有这些神奇的本领，目前，各国争相开始研究纳米粉体材料，把这种超微粉末试着加入各种产品材料里，让超微粉末帮助人们生产出全新的产品。超微粉末也不负众望，初试锋芒，就显示出它那神奇的"功夫"。美国、俄罗斯等国的科学家，在火箭固体燃料中添加铝和镍的超微粉末，结果火箭飞得更快。目前，这种超微粉末应用得最多的是作为磁性材料使用。人们把这种超微粉末均匀地涂抹在磁带、录像带和磁性记录器上，就会使磁带的记录能力更强。人们把 Fe_2O_3 的超微粉末涂在磁带上，制出了比现在普通的磁带小得多，但所记录的信息多 10 倍的超小型磁带。

纳米碳管

1999 年，我国科学院物理研究所不仅合成了世界上最长的"超级纤维"——纳米碳管（图 163），创造了一项"3 毫米的世界之最"，而且合成出世界上最细的纳米碳管。

纳米碳管猛一看像蜂窝的"微管"，中间是空的，由类似石墨结构的六边形网格卷绕而成，整个"腰围"只有几到几十纳米。这种偶然被发现的"微管"，是一种一维纳米材料，它比钢轻，6 位这种"微管人"只顶一位钢人重，但强度比钢高 100 倍，可以耐 3593℃ 的高温。这种轻而柔韧的纳米材料是制作防弹背心的最好材料，也有人认为它将是用来制造地球到月球的乘人电梯的最好材料，因为如果用纳米管做成绳子，

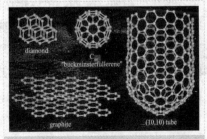

图 163

它将是从月球挂到地球表面而唯一不被自身重量所拉断的绳子。

　　不过，目前世界上有很多研究小组对纳米管的优越吸热性能更感兴趣，研究人员预言，小到肉眼看不见、只有一根头发丝的一万分之一粗细的纳米管在未来将对工程、电视和电脑运算等产生革命性的影响，纳米管优越的吸热性能使其在电脑运算和电子工业中大有用武之地。随着电路密集度的不断提高，芯片散热的问题也就显得愈加突出，为开发出结构紧凑、效率更高的电脑，这种纳米碳管会帮助创造奇迹。同时，个小的纳米管可以帮助缩小电路体积，提高计算机的运算能力。

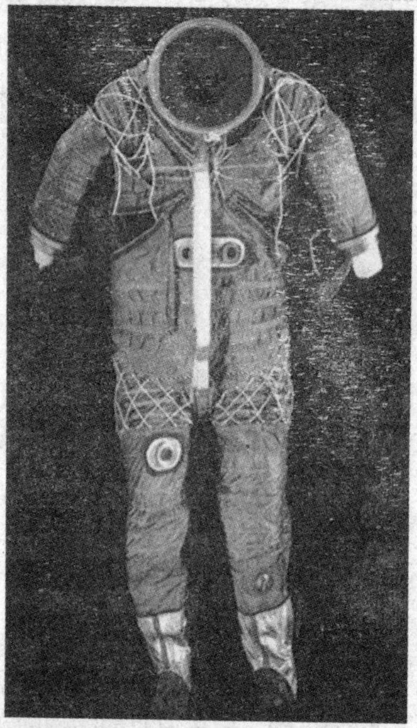

　　此外，纳米管还可应用于最需要导热性能的地方。例如，电动机如果采用纳米管作散热片，其中的塑料部件就不会被高温所熔化。这种微型材料还可置入需耐受极度高温的材料之中，如飞机和火箭外部的嵌板等。美国国家航空航天局期望将纳米管置入从防热层到宇航服等各种装备设施之中（图164）。

　　能源公司对纳米管也刮目相看。纳米管可以用来制造更小、更轻、效能更大的燃料电池，还可以用它制成储存罐，来储存用做能源的氢气。研究人员在平玻璃片或其他材料上，把无数个纳米管排列起来，让它们看起来像一片整齐的收割的麦田，由此他们发现纳米管还有更多潜在的用途。譬如，可以把这种由纳米管组成的"田野"做成薄如一张纸的壁挂式电视屏，来取代目前电视机所采用的老式阴极射线管。

图164

　　纳米管还能让人实现"漫游"超微世界的梦想。美国一位研究人员用纳米管制造出一种灵敏度极高的人造耳，可以听见细菌"走路"（游动）的声音，也能听到细胞"打嗝"（活细胞内液体流动）的响声。美国哈佛大学的化学家发明了一台用纳米管制造的超大倍数显微镜，它可以看到迄今为止最为清晰的生物分子的图像。

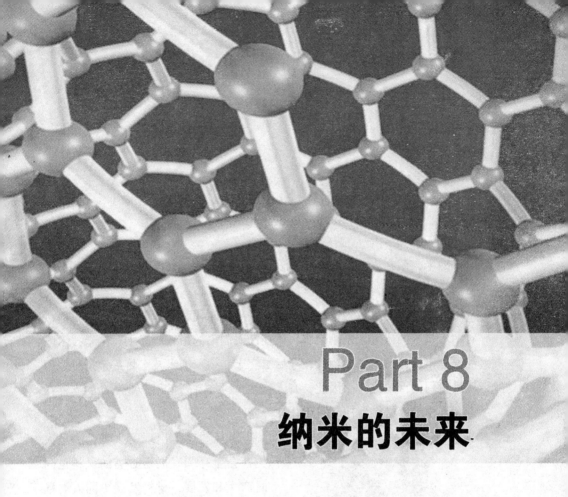

Part 8
纳米的未来

　　纳米科技现在已经包括纳米生物学、纳米电子学、纳米材料学、纳米机械学、纳米化学等学科。虽然距离应用阶段还有较长的距离要走，但是由于纳米科技所孕育的极为广阔的应用前景，美国、日本、英国等发达国家都对纳米科技给予高度重视，纷纷制定研究计划，进行相关研究。

革命性的技术

　　纳米，就在人们刚刚熟悉了计算机和网络，对基因技术也刚有了一个初步认识的时候，这个物理学名词带来的新技术，又开始席卷全球。

　　科学家们普遍认为，纳米技术是一项划时代和革命性的技术。目前，对纳米技术的研究才刚刚起步，而在已研制出的最新产品中，纳米技术已经发挥出神奇的力量。预计在今后二三十年中，纳米技术将一定是科技领域最热门的课题之一。因此，有人称纳米科技是新世纪产业革命的支柱；也有人称纳米材料为神奇的新材料。

图165

　　自从地球上出现了人类，满足人类社会生存和发展所必需的材料也同时产生和发展，材料发展史同人类社会发展史同样悠久。在漫长的历史长河中，材料的进展成为人类社会进步的里程碑。历史学家把材料及其器具作为划分时代的标志：石器时代、陶器时代、青铜器时代、铁器时代等（图165）。这些都标志着材料在社会进步中的巨大作用。人类发现、制造和利用材料的发展阶段在逐步提升，这也是人类智慧不断提高的过程。从最初的利用天然材料（如树木、矿石等）发展到按照人类自身的需求制造人工材料；从一个时代进入另一个新时代，从陶器时代进入青铜器时代，继之进入铁器时代，都极大地促进了人类社会的发展和进步。这有力地说明了新材料技术的发展对社会生产力的发展有巨大推动作用。社会生产力的巨大变化，必将加速人类社会发展进程，把人类物质文明社会推向前进。可以肯定，在 21 世纪中，人类社会的发展和进步与新材料特别是纳米材料技术的发展和进步是密切相关的。

当代，新兴高科技产业成为国民经济最有活力的部门，如原子能工业、电子工业、海洋开发、能源技术等。原子能工业迫切要求耐辐射和耐腐蚀材料；电子工业的发展要求提供超高纯、超薄膜、特纤细、特均匀的电子材料；海洋开发需要耐腐蚀、耐高压的材料；能源开发同样要求新型的高性能材料，如太阳能的利用，需要寻找光电转换效率高的材料。太阳能是无污染、取之不尽、用之不竭的能源，每秒钟送到地面上的能量高达 80 万亿千瓦，相当于全世界发电量的十几万倍，能量密度达到每平方米 0.2 ～ 1 千瓦。假定光电转换为 10%，那么，在我国 960 万平方千米的国土上，每年接收的太阳能相当于 165 亿吨标准煤，这相当于我国煤年产量的 10 倍以上。现在最重要的是要找到能把太阳光能量转换成电能的高效率光电转换材料。以上种种新型的材料都与纳米技术开发有着十分密切的关系。原子能工业的耐辐射和耐腐蚀材料如果用纳米材料代替现实的普通材料，则可提高其耐辐射和耐腐蚀强度很多倍；电子元件采用了纳米技术将使其在纯度、薄度等多方面比现实的材料优越，而且特纤细、特均匀；太阳能器件如涂上纳米材料，其吸收光和热的能量将比一般的太阳能板更多，转换的电能更大。由此可以想象纳米材料的开发将带来巨大的经济效益。

没有强大的国防实力，一个国家在世界上的地位就要受到影响甚至会受到别国的欺负。今天高科技在现代战争中的地位日益重要，没有先进的武器装备很难打胜仗。因此，一个国家武器装备的水平是其国防实力的重要标志。

高性能新型武器的出现往往与军用纳米材料的开发应用密切相关。在现代军事领域很多新武器装备系统，都包含有新材料特别是纳米材料。1991 年，海湾战争中就出现许多新型的军用材料，其中也包括了纳米材料。因此，海湾战争被看做是高技术武器和军用新材料以至纳米材料武器的实

图 166

验场。无论是精确制导武器、反辐射导弹（图 166），还是隐形飞机、复合装甲坦克，无一例外地与新材料及纳米材料的应用分不开。在现代战争中，精确制导武器，包括制导炸弹、炸弹子母弹、巡航导弹等，这些武器实质上是一种能够利用被攻击目标所提供的位置信息，修正自己的弹道，以击中目标为目的，具有一定智能的武器。海湾战争已经证明，精确制导武器是高技术战争中的主要火力。从本书前面内容可以看出纳米武器所具有的巨大威力。如此看来，提高国防实力，发展纳米技术已经是我们必然的选择。

发展纳米科技有利于我国科学技术整体水平的提高。纳米技术横跨多个学科，它的发展需要各个学科的科技成果，同时，把成熟的纳米技术应用于各个学科又可以取得意想不到的效果。纳米技术向人类揭示了一个可见的原子、分子世界（图 167），人们可以按照自己的意愿操纵单个原子和分子，实现对微观世界的控制，进而制造各种新奇的材料。

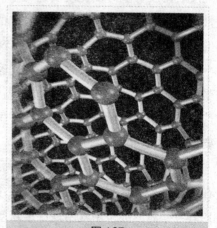

图 167

人类社会已进入信息时代，人们很容易体会到纳米技术的存在，看到纳米材料的重要性。可以说，一切高新技术的发展无不依赖这一新材料的应用。人类社会已进入 21 世纪，世界各国为了保持各自的经济活力、国防实力和科技能力，都在制定 21 世纪的国家关键技术。各个技术先进国家都把纳米材料技术列入国家关键技术的前位，这正是纳米材料技术极为重要的标志。

纳米造就新空间

纳米科学以空前的分辨率为人类揭示了一个微小的原子、分子世界，它的最终目标是直接以原子和分子来制造具有特定功能的产品。

今天正在使用电脑的人是否应该想到这一点：一旦电脑达到能与人的智力相抗衡的水平，那么它必定将超过人脑。可以这样认为：机器的优势，在于它们能轻易地分享知识。而如果一个人学会了某种语法，或掌握了深奥的哲学原理，却不能轻易地把这一知识"下载"给机器。人的知识、技能和记忆是保存在大脑中的，即根植在一个宽广的构架上，这个构架由神经递质和神经元间的连接组成，通常很难被迅速取得或传送。但将来如果相当于人的神经细胞组的装置包含有内置式的快速下载端口，那么当一台电脑获得一项技能或者具备一种悟性时，其他数十亿台电脑也将同步达到相同的智力水平。

科学家们正在设想，对具备人脑智力水平的电脑应提出哪些要求？这些要求可能将包括：复杂的智力（如音乐和艺术天赋）、创造力、处世能力，甚至对情感的反应能力。通常，这样一台电脑需要能 1 秒钟运算大约 20 万亿次。尽管这种能量大得惊人，但科学家认为这还是可以实现的。即使摩尔定律由于硅的芯片技术所限会走到尽头（估计在 2019 年），一种新的办法将会出现并克服这一障碍。可能的途径之一是在电脑中采用由纳米管组成的类似于碳原子六边形排列的三维电路。1立方英寸的纳米管电路将比人脑强大100万倍，至少是在原始数据处理能力方面。

人的大脑可以看做是一种神奇的实用模型，而且已运行了数千年。没有理由说，我们不能彻底揭开人类大脑之谜，从而仿制它的设计方式。今天，我们已经可以用非切开式扫描仪来探测大脑，从大脑内部获得更多、更准确的信息。科学家预计，到2030年，人类可能采用一种"纳米机器人"技术来对人脑进行扫描。这样，人类将能够了解大脑中超细微部分的构造和功能，进而能够在相当先进的神经计算机中再造这些设计。到那个时候，计算机将大大超过人脑的基本计算能力。其结果是将出现这样的机器：它们既有人类复杂而丰富的技能，又有超过人类的速度、精确性和知识分享能力。

不久的将来，奇迹就会出现：那些对我们大脑进行扫描的"纳米机器人"将同样能够扩展我们的思维和经验。"纳米机器人"技术将提供身临其境而令人信服的虚拟现实。将"纳米机器人"放在连接来自所有感觉器官（即眼睛、耳朵、皮肤）的每一个神经元间连接的位置，它就能够抑制所有来自真实感官的信息，并以虚拟环境的适当信号来替代它们（图168）。科学家预计，利用上述技术，到2030年，人类将进入一个虚拟现实环境。植入人体的"纳米机器人"将产生替代真实感觉的感官信息流，于是创造出一

图168

个身临其境的虚拟环境，它将对处于这一环境中人们自己的（以及其他人的）虚拟身体的行动做出反应。

这一技术的应用，将使我们能够与其他人（或者模拟的人）一起进行虚拟现实的体验，而无需在人脑中事先植入任何设备。不仅如此，这种虚拟现实将与现实一样真实而精细。人们将无需同处一地就能同任何人分享任何形式的体会和经验，如商务的、社交的、罗曼蒂克的等。

"纳米机器人"技术的魅力在于，它将使人们实际上可用任何想得到的方式扩展自己的思维和智力。今天，我们的大脑设计方式相对固定。当我们学习的时候，尽管我们的确增加了神经元间连接和神经递质集中的构架（图169），但人脑的总能力是高度受限的，局限于仅100万亿个连接。如果"纳米机器人"技术得以普及，将可通过一个无线局域网相互交流，它们可以创造出任何组合的神经连接，

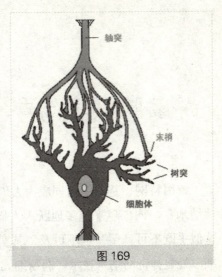

图169

打破现存的连接，创造出新的混合（即结合生物和非生物的）网络，以及增加强大的新形式的非生物智力。由分布式"纳米机器人"组成的大脑移植片将大大地扩展我们的记忆，从而大大改善人类所有的感官、模式识别以及认知能力。

到2030年时，"纳米机器人"可以通过注射，甚至是吞服的办法轻易植入。它们还可以被引导离开人体，使得这一过程可轻易逆转。它们还将具有可编程性，因此它们能够一会儿提供虚拟现实，一会儿又作为一系列大脑的伸展。也许最重要的是，它们将大量分布于整个大脑，占据数十亿或者是数万亿个位置。

说到这里，你也许会问：究竟计算机是否将比人更聪明？回答是要看你如何给二者定义。科学家说，到了21世纪下半叶，将人同电脑绝对而清楚地区分开来将变得毫无意义。一方面，人类将拥有利用"纳米机器人"技术大大扩展了的生物大脑。另一方面，人们将拥有纯粹的非生物大脑，后者是功能大大增强了的人类大脑的复制品。毫无疑问，有了经过功能改善的大脑，我们将创造出无数与"纳米机器人"技术融合的更新的技术。届时，人类将进入一个新天地，成为地道的"新人类"。

纳米时代的新生活

继因特网、基因等名词成为人们关注的热点后，作为一种尺度单位，"纳米"一词也越来越多地跃入人们的眼帘。1纳米仅为十亿分之一米，这似乎既不可"望"也不可及，其实这是一种错觉。科学家告诉我们，于细微处显神奇的纳米技术"润物细无声"，已经悄然进入寻常百姓的生活，渗透到了衣、食、住、行等领域。纳米科技作为一种全新的科学技术，其广泛应用无疑将使人类社会的生活变得更加绚丽多彩，更加轻松舒适、也更加随心所欲。

纳米技术正在悄悄渗透到老百姓衣、食、住、行各个领域。化纤布料制成的衣服虽然艳丽但因摩擦容易产生静电，而在生产时加入少量的金属纳米微粒，就可以摆脱烦人的静电现象。还可以生产出轻薄漂亮又可以根据不同人的需求自动调节温度的衣服或适合于每一个人生理特点的衣服。当人们正在为一件价值数千美元的西服沾上一点油污而烦恼时，应用纳米科技生产的西装可以在布料表面上形成一层稳定的气体薄膜，使油或水无法与布料直接接触，在布料表面产生防水和防油的双重性能。同时，其舒适性能更好，还有杀菌、防辐射和防霉的效果。将纳米大小的抗辐射物质掺入到纤维中，就可以制造出阻隔95％以上紫外线或电磁波辐射的纳米服装（图170）。

图170

冰箱、洗衣机等一些电器时间长了容易产生细菌，而采用了纳米材料、新设计的冰箱、洗衣机既可以抗菌，又可以除味杀菌。紫外线对人体的害处极大，有的纳米微粒却可以吸收紫外线对人体有害的部分，市场上的许多化妆品正是因为加入了纳米微粒而具备了防紫外线的功能。传统的涂料耐洗刷性差，时间不长，墙壁就会变得斑驳陆离，当我们为居室不断落下的墙壁涂料而烦恼时，纳米涂料将大大地提高涂料的附着力，而且更加符合人们的生理标准，使我们的家居更加温馨。当我们为厨房的油污无法除掉而懊恼时，利用纳米科技生产的瓷砖却不沾油污，始终保持厨房清洁如新；当我们对日益增多的城市污染一筹莫展时，运用纳米科技生产的装饰玻璃就可以消除这种污染；我们总要花费很大的力气去擦拭玻璃上的灰尘，如果将纳米材料在玻璃上涂饰一层，玻璃就再也不会染上灰尘，使我们的大楼始终窗明洁净。

当我们为拥挤的交通所烦恼时，纳米技术为我们带来曙光。未来用纳米材料可以制造出成本低廉、安全舒适而又轻便的随时可用的家庭折叠式飞机（图171），其动力系统完全用纳米科技制成，在燃料中加入纳米颗粒可以数万倍地提高利用效率，不必像现在的飞机或汽车需要不断地加油。

图 171

民以食为天，无论在什么时代，饮食都是人们生活的主要部分。纳米会从根本上改变人们的饮食结构和饮食习惯。食品制造采用纳米技术，可以帮助我们提高肠胃吸收能力。而且未来的食品将会出现革命性的变化，食品不再只是动植物，而是由微生物担当主角。在人们的餐桌上，将出现香喷喷的微生物美餐和可口的微生物饮料、微生物食品。它具有人体可以吸收的多种元素。这种食品还有一个特点，就是只要买一点，放在一个小的瓶子内密封，在旅游中只要加一点特殊的培养液，很快就可以生长出一大碗可供人吃的"微生物餐"。用这种方法还可以生长出"微生物面包"（图172）、"微生物饮料"、"微生物海鲜食品"等。微生物餐还包括了一种用微生物技术生成的人造青菜。微生物青菜是一种通过光合作用和细胞重组技术生长出来的貌似白菜、菜花等青菜的无根人造青菜。这种青菜不同以往在温室中培养青菜那样，是

图 172

菜种培育和栽培而成，而是细胞和纤维素人工结合和培养而成。这种人造青菜有大量的叶绿素，可供人体吸收。这些新食品虽然会产生另一种新的食品结构，但不会影响人的身体健康。

居住在宽敞的住宅里，但周围是垃圾污染的世界，是噪声污染的世界，呼吸的是受过污染的空气，喝的是有污染的水，吃的是含有各种有害物质的食品，这样的生活水平能够称得上是高质量的生活吗？当然不是。高质量的生活必须是环保的。纳米科技的应用有可能为人类找到一条从根本上保护环境的可行措施。在我们的印象中，纳米技术一般都用在尖端的科技产品上，但是在第五届全国环保产业暨第七届国际环保展览会上，人们惊喜地发现，纳米产品也亮相在环保领域。这次展会上展出的纳米环保产品有高性能纳米密封胶、纳米固体润滑剂、纳米涂料、纳米催化空气净化器等。这些产品，显示纳米技术在环保领域已经实现了产业化。运用纳米科技可以生产出使能源充分燃烧的物质，降低能源燃烧过程中因燃烧不充分而带来的污染，从源头上减少废气物的排放。也可以生产出吸收废气的装置，把废气全部吸收并转化为有用物质。利用纳米科技可以生产出能够降解的塑料，令人头疼的白色污染从此消失。在产生噪声的机器上安装消音装置可以消除噪声污染。各种废水也可以变得清澈透明并循环利用。由于纳米科技时代，人们的工作方式也发生了变化，公共汽车可以彻底消失，交通拥挤的问题自然化解，尾气污染也就不复存在。在纳米科技时代，有些思想家提出"4倍革命"的目标，即用相同数量的原料生产出4倍的产品。不仅如此，人们甚至有理由期待实现6倍革命或更多倍革命。

纳米还可以将人们的生活空间拓展到太空。将纳米科技运用于航空航天可以制造出更好的宇宙飞船，降低飞行成本，使更多地球人能够到月球和太空去生活和旅行。利用纳米科技生产的纤维重量轻，柔韧性能好，是不会被自身重量所折断的材料，这就意味着很有可能利用这种材料以低廉的成本把人类从地球转移到太空的其他星球。

近年来科技的突飞猛进，正使梦幻一般的纳米时代提前到来，空中楼阁变成了真实的世界。很多未来学家甚至乐观也预计，纳米技术在今后二三十年内将从根本上改变人类的处境。

科学技术的每一次进步必定带动人类精神和文化生活的进步。无论何时人类总是追求丰富多彩的文化生活，到了纳米时代有了纳米技术作保证，人类的精神生活和文化生活将会更加多姿多彩。

纳米科技将会改变我们的阅读习惯。由于芯片集成度随着线宽不断缩小而增加，微处理器性能将继续以指数形式增长，每18个月翻一番。微控制器性能在网络中将普遍应用，视频各种功能的芯片将聚变更多的功能（图173）。存储器容量每年将增长60%。用纳米细微颗粒材料制成的只读光盘将成为低成本的出版物载体。一张3寸光盘，可以储存上百万亿个字符；而且，如果使用生物纳米碳管，则储存量更大，可以达到1万亿个字符，相当于1000万本书的字数。未来某一天，现有的硅质芯片将被体积缩小数百倍的纳米管元件代替，巨型计算机小到可被随手放进口袋；而美国国会图书馆的全部信息，将被压缩到一个

图173

糖块大小的设备中。那时人们就不必都去同一个图书馆读书了，也不受时间、地点和空间的限制，无论何时何地，想读什么样的书都将变得自由自在。

纳米技术会为彩电业带来天翻地覆的革命。首先它会改变家电的外观。彩电等家电一般被称为黑色家电，这是因材料中需加入碳黑进行静电屏蔽。而利用纳米技术，人们已研制出可静电屏蔽的纳米涂料，进而控制涂料颜色，黑色家电将变成"彩色"家电。其次纳米技术可以使电视的显示更加清晰。可以预测，在21世纪20年代将出现像纸一样薄的由纳米材料构成的大屏幕液晶显示屏。这种电视高清晰度、无辐射、耗电低，它的显示材料是由特种的纳米级材料组成，而电视的全部元件都是使用纳米材料。这是第四代的高清晰度电视的基本模型。

前途无量的纳米技术

纳米不仅会使我们的精神生活形式发生变化，而且还会丰富我们的娱乐内容。纳米世界也与宏观世界一样，都存在着各种微观物质的活动；而且，活动的种类和内容更加丰富多彩。在纳米科技时代，可以将无数台分子摄像机放入血管中，拍摄一部病菌和杀菌分子机器人"决斗"的记录片，其真实性超过现实中人们用电脑合成的仿生动画片。这些由纳米设备制成的

图 174

与我们人类息息相关的故事更会提起人们的兴趣。利用这一纳米电影形式，还可以帮助人们诊断疾病和观察病人治疗情况。在未来我们还会听到纳米发出的声音。纳米世界与宏观世界一样都是大自然的一部分（图174）。大自然就是一个美妙的音乐盒。我们经常会聆听到大自然的虫鸣、鸟啼、猿啸、

大海的低吟、瀑布的高音等。在微小的纳米世界中，也存在着各种优美动听的声音旋律，这是各种物质分子和原子运动时所发出的音响。当我们用纳米录音机将这些特殊的音响录下并合成放大后，相信这一纳米世界的交响乐美妙动听的旋律不会亚于宏观大自然的旋律。

纳米还会丰富人类的思想库。科学技术是社会生活变革的原动力。纳米科技也将使人们的思想观念发生重大的变化。每一次科学技术的进步都会促进思想观念的变革，而思想和观念的解放又反过来推动科学技术的进步。科学技术以加速度的方式向前发展，在科学技术的推动下，人们的生活方式会随之发生变化，生活方式的变化进一步引起思想观念的变化。到那时，人类的思想境界将会与今天大不相同，这有利于我们这个星球的良性发展。

纳米科技时代，人类的精神和文化生活将具有轻松化、自如化和高境界的特点。这是因为科学技术的进步为人类的精神和文化生活的改善提供了物质技术基础。纳米科技将给人类带来无限美好的未来。